科学家或许是错的

SCIENTISTS MAY BE INCORRECT

大地与海洋

徐牧心　李　敏　◎编著

大连出版社
DALIAN PUBLISHING HOUSE

ⓒ 徐牧心 李敏 2020

图书在版编目（CIP）数据

科学家或许是错的. 大地与海洋 / 徐牧心，李敏编著. —大连：大连出版社，2020.8（2024.5重印）
ISBN 978-7-5505-1565-9

Ⅰ.①科… Ⅱ.①徐…②李… Ⅲ.①科学知识—少儿读物②地理—少儿读物③海洋—少儿读物 Ⅳ.①Z228.1②K9-49③P7-49

中国版本图书馆CIP数据核字(2020)第101535号

科学家或许是错的·大地与海洋
KEXUEJIA HUOXU SHI CUO DE · DADI YU HAIYANG

责任编辑：金　琦
封面设计：林　洋
责任校对：安晓雪
责任印制：温天悦

出版发行者：大连出版社
地　　址：大连市西岗区东北路161号
邮　　编：116016
电　　话：0411-83620573 / 83620245
传　　真：0411-83610391
网　　址：http://www.dlmpm.com
邮　　箱：dlcbs@dlmpm.com
印　刷　者：永清县晔盛亚胶印有限公司

幅面尺寸：165 mm × 230 mm
印　　张：7.5
字　　数：100千字
出版时间：2020年8月第1版
印刷时间：2024年5月第4次印刷
书　　号：ISBN 978-7-5505-1565-9
定　　价：38.00元

版权所有　　侵权必究
如有印装质量问题，请与印厂联系调换。电话：0316-6658662

目录
MULU

大地篇

002 / 地球是怎样形成的呢?

006 / 地球内部不同的圈层是因为物质的比重不同吗?

009 / 地球中心是高温高压的吗?

012 / 地球板块的形成是大陆漂移造成的吗?

015 / 地球的形状和大小会变化吗?

017 / 地壳为什么会运动呢?

020 / 地球会不会毁于外来陨星撞击?

024 / 地磁场是怎样形成的?

028 / 地磁场会逆转是因为太阳系外因素干扰吗?

031 / 地球南北两极一凸一凹是巧合吗?

035 / 地光是岩层断裂或摩擦产生的吗?

038 / 极光是太阳活动的结果吗?

041 / 火山爆发能预测吗?

044 / 地球的实际年龄到底是多少?

047 / 地球在不断膨胀吗?

050 / 喜马拉雅山真的能超过万米吗?

053 / 沙漠是气候制造的吗?

056 / 为什么湖水也有涨退现象？

059 / 南极地区的陨石多是因为地磁不同吗？

062 / 极地的冰层会不会消融？

066 / 为什么有的地方沙子会"唱歌"？

069 / 地球上为什么会出现冰期？

072 / 地球会变暖还是会变冷？

海洋篇

077 / 海水是来自"冰卫星"的撞击吗？

080 / 海水从一开始就是咸的吗？

083 / 海洋的面积为什么比陆地的大？

086 / 太平洋是地球破裂后留下的凹坑吗？

090 / 大洋中脊是地壳运动形成的吗？

093 / 海底的巨大峡谷是早期河流的侵蚀吗？

097 / 深海中也有潜流吗？

100 / 厄尔尼诺现象和地球自转速度有关吗？

103 / "海火"是怎样产生的？

106 / 海底为什么会有可燃冰？

109 / 死亡冰柱会带来生命吗？

111 / 线形火山是岩浆海底大断裂溢出形成的吗？

114 / 平顶海山的顶部为什么是平的？

大地篇

科学家或许是错的
SCIENTISTS MAY BE INCORRECT

地球是怎样形成的呢?

运用放射性元素测定法来检测地球,地球大约有46亿年的历史,这几乎成了科学家们普遍的看法。在这几十亿年的时间里,地球经过周而复始的运动,才形成今天的面貌。那么,几十亿年以前的地球是个什么样子呢?它又是怎样形成的呢?

第一个比较科学的太阳系起源学说是由德国哲学家康德于1755年提出来的,被称为"星云假说"。这个学说认为,地球是太阳系中的一颗行星,同太阳系一起形成。几十亿年前,太阳系还没有形成时,它只是一团充满气体和尘埃的星云,后来经过不断运动转化,它的中心先形成了一个质量巨大的发光体,这就是最初的太阳。接着又在太阳周围分离出绕其赤道旋转的星云盘。盘中的物质微粒不断发生碰撞,在碰撞过程中,固体微粒吸附了气体微粒并形成了大团块,大团块又吸附了小团块而形成更大的团块。少数大团块就是在这样不断吸附小团块的过程中壮大起来的,最后形成了行星的胚胎。地球也是这样的行星之一,它和太阳以及其他行星组成了太阳系。

在地球形成的最初阶段里,由于温度很低,物体大多处于固态阶段,各种物质也不分轻重地混杂在一起。随着地球体积的不断增大,内部放射性元素在蜕变过程中释放出来的热能逐渐积累,从而使温

度不断升高。这样，处于固体状态的物质逐步变成塑性状态，直到最后熔融。同时，地球内部的物质在重力的作用下发生分异，就像米中淘沙一般，最重的物质沉到地球深处，叫作"地核"；较轻的物质在地核上部，叫作"地幔"；更轻的物质在最上层也就是地球的表面，叫作"地壳"。地核、地幔和地壳，就是地质学家经常说

到的地球内部圈层。

除了内部圈层,地球还有外部圈层。地球的内外圈层形成之后,随着地球的不断运动,经过几十亿年的时光,地球才具有了今天的面目。现在的地球也不是一成不变的,科学家们经过研究证明,随着地球的不断运动,它的内部和外部也在发生变化。地质学家把一个巨大的变化过程称为一个地质年代,这个时间长达几亿年,而人生不过百年,所以,人们一般很难感觉到地球这种巨大的变化。

"星云假说"较为全面地解释了地球的演变过程,但是关于地球的形成还是有不同的观点,有科学家认为另外一颗恒星碰到太阳时碰出了某种物质,地球就是由这些碰出的物质形成的。另外一种说法就是"俘获说",这一学派的共同看法认为太阳是先形成的。太阳形成后俘获了周围的或宇宙空间里的其他星际物质,地球是由这些物质形成的。

那么,关于地球的形成到底哪一种说法更准确呢?这还要科学家们进一步去证实。

地球的外部圈层

在地球形成的同时,它不断将太阳星云中的一部分气体吸引在自己的周围。当时气温很低,大气圈部分与现在的不同。后来,由于地球内部物质在发生分离的过程中,大量气体从其内部高温物质中分化出来,上升到地球外部,使地球上的大气成分发生变化,形成了成分接近现在的次生大气;而其中的水汽则由于受一定条件的影响,变成了液态水,停留在地球表面的低温处和地层表层的空隙中,形成了水圈;水、空气和适宜的温度为生命的诞生创造了条件,后来又经过漫长的发展过程,生物在水中诞生,先是藻类,后来又出现了其他动物和植物,最后人类出现,形成了生物圈;经过生物对大气的改造,次生大气才逐渐变成现在的大气。水圈、大气圈和生物圈被地质学家称为地球的外部圈层。

科学家或许是错的

地球内部不同的圈层是因为物质的比重不同吗？

人类居住的地球是一个巨大的球体，它的结构相当复杂，既不像皮球那样，外面一层皮，里面全是空气，又不像铅球那样，从里到外是个完全一样的实心球体。

人类对于地球内部的构造是借助于地震波认识到的。地震时，各种形式的波会从地心传出，经过相当长的传播距离，最终作用于地球表面。通过对地震波的分析研究，科学家们把地球划分为地壳、地幔、地核三大部分：地壳是地面以下几千米到莫霍洛维契奇界面间的一层；地幔是从莫霍洛维契奇界面以下至2900千米深处的地核之上；地核是地幔以下到地球中心的一部分。如果再进一步细分，还可以将每一圈层分成许多小的圈层。那么，地球的这些圈层是怎样形成的呢？

根据康德和拉普拉斯的假设，地球是由炽热的星云凝结而成的。如果这个假设是正确的，那么在地球处于熔融状态时，物质会因为比重不同而产生重沉轻浮，最重的都集中到地球中心去了，轻的都浮在上面，先冷却以后结成坚硬的地壳，所以地球一定是分成许多圈层的。

　　以上仅仅是科学家的推测，很长时间内谁也没有办法使这个学说得到证实。1909年莫霍洛维契奇根据研究地震波所得资料发现，地震波传到地下30千米处就会出现折射。地震波的传播并不是乱闯的，而是有一定的规律，在不同的物质中，不但速度不同，而且在从一种物质转向另一种物质时，一定会发生折射和反射现象。根据这个规律，莫霍洛维契奇得出结论：这个发生折射的地带，就是地壳与地壳下面物质的分界面。

　　从此以后，利用地震波来探索地球内部构造的工作不断深入下去，反复证明莫霍洛维契奇发现的这个分界面虽然在各地深度不同，但它是普遍存在的。于是人们就把这个分界面叫作"莫霍洛维契奇界面"，简称"莫霍面"。界面埋深各地不同，大陆上的平均深度是 30~40 千米，其中在褶皱山系区域可达 50~75 千米，在岛弧地区为 20~30 千米，而在大洋地区只有 5~10 千米。

莫霍面的发现和确定，似乎使得康德和拉普拉斯的假设得到了确定，但是也有人不断提出新的假设。他们也认为，地球是由固体的宇宙尘埃聚集而成的，形成地球圈层的原因是物质的比重不同。但同时他们又指出，重的物质向地心聚集这一过程并未结束，直到现在仍然在进行当中，只不过目前地球内部的圈层已经基本形成，所以不像开始时那么活跃了。

地球中心是高温高压的吗？

19世纪法国作家儒勒·凡尔纳曾经写过一本幻想小说，名叫《地心游记》。一般人读起来，会觉得这种幻想新奇有趣，但在科学家看来，这却只能是一种空想而已。不要说进入地心，就连人们用钻井的方法在地壳上打洞，最深也只能到达1万米左右。1万米不过是10千米，而地球赤道的半径却有6378.14千米，两相比较之下，前者实在是太微不足道了。

既然人们无法通过采集标本来探索地球内部的奥秘，那么就只能依靠科学家进行合理的推测。首先，科学家们经过研究后认为，地球内部的压力相当大。地球是由地壳、地幔、地核三部分组成的，地壳和地幔的全部重量都要由地核来承担。因而越往地层深处，物质的密度就越大，地层深处的压力也越大。

科学家们还认为，随着深度的增加，地温也在逐渐增高。在地壳表层里大约每下降100米，地温就要增高3℃。地球内部的热主要是放射性物质分裂的结果，而放射性物质主要集中在地下50~80千米处，因而过了这一深度后，温度的上升速度就慢多了。但随着与地心距离的接近，温度还会继续升高。根据数据推算，100千米深度的温度约为1300℃，300千米深度的温度约为2000℃，地心的

温度不超过5000℃。

在这种高温高压状态下，有人猜想地心可能是液体，但这种液体和我们熟知的液体完全不同。比如"软流圈"，这里的高温本来可以把岩石烧化，但由于压力极大，岩石就变成了像烧红的玻璃那样的半黏性物质。地核分两部分。外核也是近似于液态，但地球中心的内核却不一样，由于强大压力的作用，它很可能成了一个非常结实的"铁疙瘩"。地震波进入地核部分后，传播速度逐渐增加，这也使人们更加相信地核是一种近似于固体的物质。

如果地核部分的压力和温度确实像科学家认为的那么高，那么在那里只有金属才能忍受。法国地理学家盖布瑞德·奥古斯都·道布瑞早在1886年就提出了这样一个假设，地心是由镍铁混合物组成

的。根据对陨石的研究，这种结论很可能是正确的。很多科学家认为，地心是由90%的铁和10%的镍组成的。也有一种理论认为，地心是由氧或硫化物或者是它们的混合物组成的。

将来在内的相当长一段时间里，人们对于地心的认识只能是根据各方面的资料加以推测，这样就存在着两种可能性，一种可能性是人们目前对地心的认识并不完全正确，另一种可能性是人们的认识还会不断丰富、深化和发展。从这个意义上讲，对那些似乎是违背常理的推测，我们就不能轻易加以否定。

比如，几乎所有的教科书中都明确指出，地心处于高温状态，而苏联的地质学和矿物学家米赫图科却提出一个截然相反的观点：地心不是热的，而是冷的。他的根据是，被挤压到地表的地幔带岩石晶体中混有液态甲烷、液氮和液氦。如果地心是热的，那么这些液态物质必然会汽化；而它们没有汽化，就说明地心不是热的。米赫图科运用逆向推理的方法所得出的这个结论虽然不见得正确，但它却富有启发意义，可能地心的真面目与我们自以为科学的推测结果大不相同。

科学家或许是错的
SCIENTISTS MAY BE INCORRECT

地球板块的形成是大陆漂移造成的吗？

地球被海洋分割成了各个大洲。那么，各个大洲又是怎样形成的呢？

1912年，德国地球物理学家魏格纳从世界地图上看出了现在南美洲东部巴西的凸出部分，恰恰是大西洋彼岸非洲西海岸的凹陷部分。他把这两部分从地图上剪下来，将它们单独拼在一起，结果正好是一个吻合的整体。他又用同样的方法，把北美大陆、格陵兰岛与欧洲也极为吻合地拼在了一起。如此看来，被大西洋隔开的大陆，原来是一个整块。整块的大陆为什么会分离开来呢？魏格纳把这种现象归结于大陆会在水中漂移，于是关于大陆形成的"大陆漂移说"就出现了。

魏格纳也是一个气象学家，为了证实自己的理论，他进行了实地考察，在大洋彼岸对应的位置上，发现了对应的山脉、矿山和相

同的陆生动物化石。

　　一般来说，沉积岩层自下而上，由老到新，也就是说，岩层越老，它的位置也就越靠下，但是深海钻井船的钻探结果却得出了与此相反的结论。在钻取了大量岩石标本后，没有发现一块中生代以前的岩石。那么，中生代以前的岩石哪里去了呢？

　　有人猜测，既然大陆可以在水中漂移，那么海底会不会扩张呢？20世纪60年代初，美国人赫斯和迪茨提出了"海底扩张说"。这种理论认为，由于洋底岩石不断生长和地球不断扩张，从而把老的岩石向两侧推挤，进入巨大的板块下面，造成这些岩石的消亡。这种新陈代谢使得洋底岩石永远处于年轻状态。

　　由于大陆漂移说研究的只是大陆，而海底扩张说研究的只是海底，因而这两种学说都必然存在着一定的片面性，于是有人尝试从大陆和海底两个方面去认识地球构造。

　　20世纪60年代，法国地震学家勒皮雄在研究了上述两种学说之后，首创了"板块构造说"。这种学说认为，地球岩石圈不是一个整体，而是被一些活动的海底构造带，如海岭、岛弧、海沟等分割成了大小不等的块体，它们浮在炽热的地幔表面，不断运动，每个板块内部地壳稳定，而板块之间的边缘地带上地壳活动较强，板

块运动引起地壳运动，推动海底扩张，使洋壳不断更新。当两个板块相挤相压时，就形成了崇山峻岭；当它们相对错动时，就形成了断裂，岛屿和海沟就是由于两个板块俯冲并上提形成的；板块运动使地壳受压到一定程度，就会造成火山爆发和地震。这种学说把地球上各种地质作用都看成是板块运动的结果。

地球上的板块究竟是怎样形成的呢？是大陆漂移的结果，还是海底扩张的结果呢？会不会是二者统一作用的结果呢？还有没有其他更为科学的解释呢？科学家们正在寻找这些问题的答案。

科学小讲堂

地球六大板块

根据勒皮雄的划分，全球地壳分为六大板块：太平洋板块、欧亚板块、非洲板块、美洲板块、印澳板块和南极洲板块。在这六大板块中还可以分出若干次一级的小板块，如把美洲板块分为南、北美洲两个板块，菲律宾、阿拉伯半岛、土耳其等也可作为独立的小板块。板块之间的边界是洋中脊、转换断层、俯冲带和碰撞带。一般来说，在板块内部，地壳相对比较稳定，而板块与板块交界处，则是地壳活动比较频繁的地带，这里火山和地震活动以及断裂、挤压褶皱、岩浆上升、地壳俯冲等频繁发生。

大地与海洋

地球的形状和大小会变化吗？

有生命的事物都有产生、壮大的过程，人会一年一年变老，动物和植物也会一年一年长大。那么，我们人类和其他生物所赖以生存的地球会不会长大呢？

一般人都认为，地球是个没有生命的东西，它是不会随便长大的。但是，事实上并不是这样。比如中国长江口的崇明岛就是从水里"长"出来的——由江水所挟带的泥沙淤积而成。因此可以这样说，地球虽然没有生命，但它却一刻也没有停止过变化。那么，它究竟是在变大还是变小呢？目前，科学家们的说法并不完全一致。

有的科学家说，地球正在变小。因为地球是从太阳系里分裂出来的，起初是一团炽热的熔体，经过长时期的冷凝后，就收缩成有硬壳的地球了，所以地球是在缩小。有的科学家对阿尔卑斯山做了调查研究后，推断地球半径比2亿多年前，即阿尔卑斯山开始形成时，缩短了2000米。

但有的科学家对这种观点持反对态度。他们认为，仅仅根据阿尔卑斯山的情况，还不能给整个地球的发展做出结论。地球的大小和形状的变化是极其复杂的，比如，有人发现赤道一带地球半径有加长的现象。科学家们认为，这是地球自转所产生的离心力的影响。

科学家或许是错的
SCIENTISTS MAY BE INCORRECT

有的科学家认为,地球正在变大。他们说,地球长期以来就在膨胀,以至于把本来包住整个地球的大陆撑裂了,现在这些裂缝还在加宽,说明它还在继续膨胀。但对于膨胀的原因,科学家们还有争论,有的人认为这是地球的引力在减小,有的人则认为这是地球内部放射性物质散热引起的。

也有些科学家认为,地球是在变大还是变小,不能一概而论,可能是既在变大,又在变小。他们认为,地球是由宇宙尘埃积聚起来的,这种尘埃还在继续向地球上聚集,比如,常有陨星落到地球上来。据科学家们估计,一昼夜间进入地球的宇宙尘埃,大约有10万吨之多,从这个意义上说,地球正在变大;另一方面,地球上大气层的物质也在不断地向宇宙太空中散失,不过数量极其微小,从这个意义上说,地球正在变小。但总的来说,地球变大的幅度要超过地球变小的幅度。

地球究竟是在变大,还是在缩小,目前还是一个科学之谜。但无论是变大还是缩小,有一点是可以肯定的,那就是地球总是处于一种不断变化的状态之中,尽管这种变化极其微小。

大地与海洋

地壳为什么会运动呢？

地球上的最高峰珠穆朗玛峰所在的喜马拉雅山，在距今2000万年至800万年前曾经是一片海洋，喜马拉雅山就是在这片海洋中凸升出来的，直到今天，它还处在不断上升之中。

这种巨大的变化是怎么来的呢？科学家们认为，这是地壳不断运动所造成的。地壳运动的许多证据人们都容易看到，比如山上许多岩层变得弯弯曲曲和发生断裂错动、火山激烈喷发、强烈的地震等，这些都说明地壳是不稳定的，一直处在运动状态之中。

那么，地壳为什么会运动呢？最初人们是用热胀冷缩的原理来说明这一现象。有人认为地球冷时就会收缩，变热时就会膨胀。还有人认为地球时冷时热，所以时缩时胀。这种收缩或膨胀的作用，就导致了地壳的运动。

现在已经没有人相信这种解释了，科学家们转而从地球的结构入手来寻找地壳运动的原因。地壳是地球表面的一个圈层，它是由固体的各种岩石组成的，平均厚度大约是20千米；紧挨着地壳下面的地幔的上层部分也是固体的岩石。这两部分合起来，在地质学上叫作"岩石圈"，大约有100千米厚；再往下去可能达到几百千米甚至更深处的地幔物质，不像岩石圈那样坚硬，地质学上把这一部

分称为"软流圈"。科学家们推测这里是具有可塑性的、可以慢慢移动的物质,地壳就漂浮在它上面。

现今最流行的说法是,软流圈的物质运动带动了地壳发生运动。由于软流圈中各部分物质的物理和化学性质不同,这些物质经常不断地进行调整,那些温度高、密度小的部分就会发生膨胀,向上流动;温度低、密度大的部分就会收缩,向下流动。这两部分就形成了热力学重力的对流。当这种对流运动向上到达软流圈上部,接近岩石圈时,就会沿着水平方向运动,同时对岩石圈施加影响。形象地说,地壳就像一块木板放在流动的水(实际是流动的熔岩)上,水一流动,木板就会跟着动。

也有的科学家认为,地壳运动是由地球自转速度的变化引起的。

这个道理就像人们乘坐公共汽车时，司机突然开车或刹车，由于惯性的作用，乘客就会后仰或前俯。地球高速自转时，各种力的大小、方向都会随之变化，所有这些力都在对地壳施加影响。而地壳各层的物质成分及其性质都存在着差异，层与层之间还会发生摩擦，这就使得地壳的各部分受到挤压、拖曳、旋扭等种种作用，出现多种形式的运动，如拉张使地面出现裂谷，挤压使岩层出现褶皱等，这些运动还有可能引起火山爆发和地震。

以上说法都有一定道理，但都未能圆满地解释地壳究竟是怎样运动的，它为什么会运动这样一些问题。这些还有待于科学家们继续探索。

科学家或许是错的
SCIENTISTS MAY BE INCORRECT

地球会不会毁于外来陨星撞击？

  1989 年春天的一个夜晚，美国天文学家霍尔特在对月球进行拍摄时，意外地发现了一个模糊的光点。霍尔特和他的助手立即对这个光点进行跟踪，结果他们大吃一惊，这个光点原来是一颗小行星，正以每小时 8 万千米的速度向地球逼近。

  霍尔特的发现引起了巨大轰动。经过周密计算，天文学家估计

大地与海洋

这颗小行星直径 800 米左右。但是天文学家心中非常清楚，别说是直径 800 米的流星，即使是直径只有 80 米的流星撞击地球，其爆炸当量也相当于几十颗广岛原子弹。

幸好，最后的结果是一场虚惊，这颗小行星从距地球 72 万千米的空中与地球擦肩而过。

那么，地球究竟会不会被外来陨星毁灭呢？科学家们对这个问题虽然还不能做出肯定的答复，但实际情况不容乐观。地球每天都要遭受几百万块太空陨石的袭击，它们都很小，绝大部分在高速进入大气层时升华了。但是有些外来陨星很大，不能升华掉，就会撞到地球表面上来。一旦发生这种情况，其后果不堪设想。

最新的证据表明，6500 万年以前，有一颗直径 10 千米的大陨

科学家或许是错的

星撞入地球,产生了威力相当于10亿颗氢弹的超猛烈爆炸。爆炸产生的浓厚的尘埃云围绕地球五年不散,遮住了阳光,引起了地球生物大规模的灭绝。天文学家经过专门研究后指出,地球每隔8000万年就可能出现一次这样的灾难。

有许多学者还指出,地球曾有过四颗卫星,其中三颗由于在运转过程中过分靠近地球,而被地球所俘获,结果就造成了如今地球上的三大洋。由此人们不难想象,当一颗大陨星从天而降时,地球上会出现怎样的情景。

大约4万年前,一个重达30万吨的陨石一头撞在今天美国亚利桑那州的大地上,造成了一个深达174米、直径1240米的大坑。这就是有名的巴林杰陨石坑。

类似这样的陨石坑在地球上应该还有很多,但由于岁月的流逝、地壳的运动及风雨的冲刷,许多远古时的陨石坑已经变形或消失。但在波涛汹涌的大西洋中部洋底,科学家们却获得了惊人的发现,这里有无数个陨石坑,其中一个直径竟达 1000 多千米。

在渺无人迹的南极,科学家用探测仪探察地貌时,惊奇地发现,白雪皑皑的冰层下隐藏着无数巨大的陨石坑,有的直径达 300 千米,与月球上的陨石坑相差无几。

1908 年 6 月,一颗陨星在西伯利亚通古斯地区上空爆炸,高温使这一地区方圆 2000 平方千米的森林顷刻间化为灰烬,爆炸时产生的光亮使得远在千里之外的莫斯科也如同白昼。

尽管也有人对通古斯大爆炸是否是陨星所为提出了疑问,但很多科学家仍把它当成人类近代史上唯一有据可查的流星撞击地球引起大灾难的实证。它幸好落在人迹罕至的地区,假如有一颗或数颗这样的陨星撞击到地球上人口高度集中的地区,必定会酿成一场空前的劫难。

看来,外来陨星撞击地球的危险是客观存在的,因此,有人认为地球最终会与某一颗外来陨星同归于尽,这种说法并不是危言耸听。当然,地球即使被撞击得千疮百孔,也可能仍在运转,但包括人类在内的地球上的生物,却不得不接受极为严峻的考验。

科学家或许是错的
SCIENTISTS MAY BE INCORRECT

地磁场是怎样形成的？

我国古人早就对地磁现象有所认识。11世纪时，北宋沈括就在其名著《梦溪笔谈》中明确指出磁偏角的存在。不过，沈括并不知道磁偏角是地球两极与地磁两极不重合造成的，当然更不知道还存在着与此紧密相关的地磁场。

大地与海洋

我们知道，地球本身就好像是一个大磁铁，那么它就与磁铁一样，也会有磁场。但是，地磁的许多性质是很奇特的。比如，它并不总是恒定的，而是随时间在非常缓慢地变化。古地磁学研究表明，地磁场的磁极还会发生倒转。

要想解释地磁场的这些奇特性质，就要首先研究地磁场是怎样形成的。

第一个提出"地磁场成因理论"概念的是英国人吉尔伯特。他在1600年提出一个论点，认为地球自身就是一个巨大的磁体，它的两极和地理的两极相重合。他的理论确立了地磁场与地球的关系，指出了地磁场的起因不应该在地球之外，而应在地球内部。但是，

他的理论过于简单，对地磁场的许多特性都不能给予解释。

1839年，数学家高斯在他的著作《地磁力的绝对强度》中，从地磁成因在地球内部这一假设出发，创立了描绘地磁场的数学方法，使得地磁场的测量和地磁场起源的研究都可以用数学理论来表示。但这仅仅是一种形式上的理解。

目前，关于地磁场起源的假说可分为两大类：第一类假说是以地球表面上通过观测得来并通过试验已经确定的物理定律为根据；第二类假说否定了这些定律，认为对于地球这样一个宇宙物体，存在着不同于现有已知定律的特殊定律。

属于第一类地磁场起源的假说有旋转电荷假说。它假定地球上同时存在着等量的异号电荷，一种分布在地球内部，另一种分布在地球表面，电荷随地球旋转，因而产生了磁场。但是，这个假说不能解释电荷是怎样分离的。

以地核为前提条件的地磁场假说也属于第一类假说。还有弗兰克提出的"发电机效应理论"，它认为地核中的电流，应该是地核金属物质在磁场中做涡旋运动时，通过感应的方式而形成的。同时，电流自身形成的场就是连续不断的再生磁场，好像发电机中的情形一样。弗兰克所建立的模型说明了怎样实现地磁场的再生过程，解释了地磁场有一定的数值，但是在应用这种模型的时候，很难解释在地核中的这种电路是怎样经过圆形回路而闭合的。此外，这个模型也没有考虑到电流对涡旋运动的反作用，而这种反作用是不允许涡旋分布在平行于赤道面的平面内的。

属于第一类的还有"漂移电流假说"、"热力效应假说"和"霍尔效应假说"等，但这些都不能很好地解释地磁场的奇异特性。

属于第二类假说的一个典型代表就是"重物旋转假说"。1947年，布莱克特提出，任意一个旋转体都具有磁矩，这又与旋转体内是否存在电荷无关。磁矩与机械转矩成比例。但是，直接证明旋转物体磁场的存在是非常困难的。现在测量磁场的技术能够测出非常微弱的磁力，但却观察不到旋转体的磁效应，因而这个假说恐怕一时还不能成立。

长期以来，科学家一直致力于解决地磁场的"起源"问题，但由于对地球内部物质状态的物理过程了解太少，一系列理论问题尚未解决，只好让这个疑问存在下去。

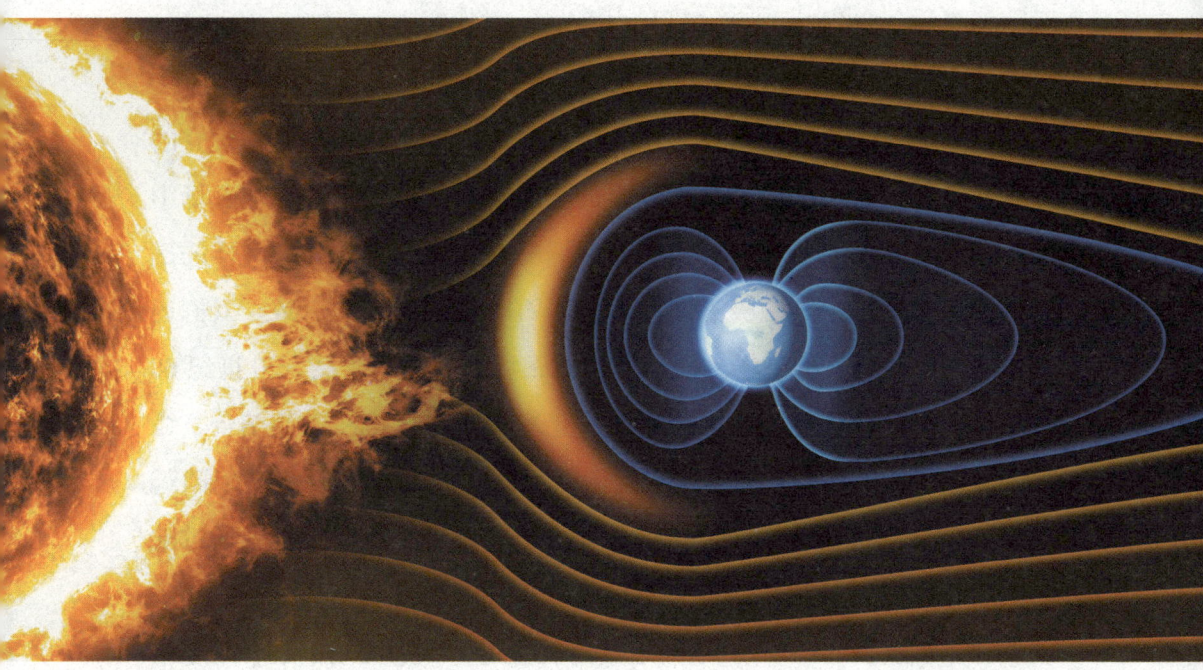

科学家或许是错的

地磁场会逆转是因为太阳系外因素干扰吗?

大家都知道,指南针在地磁场的作用下,总是忠实地指向北方,这似乎是天经地义的。可是谁会想到,在逝去的漫漫历史长河中,地磁场却多次发生逆转,即地球的磁南极变为磁北极,而磁北极却变成了磁南极。

早在20世纪初,法国科学家布律内就发现,70万年前地磁场曾发生过倒转。1928年,日本科学家松山基范也获得了同样的结果,可惜未能引起人们的重视。第二次世界大战后,随着古地磁研究的迅速发展,人们获得了越来越多的类似资料。例如岩浆在地磁场中冷却、凝固成岩石时,会受到地磁场的磁化而获得像磁铁一样的磁性并保存下来,其磁极方向和形成岩石时的地磁方向一致。人们还发现,有些岩石的磁场方向与现代地磁场方向截然相反。20世纪60年代,科学家将钾氩法同位素地质年龄测定与古地磁学相结合,终于确定了地磁场倒转的具体年代。其后,海底火山的磁力测定的盛行,使当今最受欢迎的地球板块构造学得到了发展。科学工作者通过陆上岩石和海底沉积物的磁力测定以及洋底磁异常条带的分析,终于发现,在过去的7600万年间地球曾发生过171次磁场倒转,距今最

近的一次发生在70万年前——正如布律内所指出的那样。

据认为,地磁场发生倒转前有明显的预兆:地球的磁场强度急剧减弱,直至降低为零。随后约需一万年的光景,磁场强度才缓缓恢复。但是,磁场方向却完全相反。

法国和美国的科学家经过协同研究,首次应用"铍-10元素分析法"证实了地磁场倒转时,宇宙射线与地球大气间有着急剧冲突。地球上存在的铍元素,几乎100%是稳定状态的铍-9元素,而大气中氮、氧等一旦遇上宇宙射线中高能粒子,则会发生核裂变,产生铍-7和铍-10元素。铍-7的半衰期很短,铍-10的半衰期却长达150万年之久。如果70万年前地磁场确曾发生过倒转的话,大气中产生的铍-10元素必然还残存于地层中。科学家们设法从南纬

46°30′、东经 30°16′（非洲大陆南端与南极大陆之间）的大西洋海底 4731 米深处，取得了钻探岩芯。经铍-10 浓度分析和磁力测定，惊喜地发现，距今 70 万年年代层的铍-10 浓度竟为其他部分的两倍之多，从而有力地证实了 70 万年前，地磁场确实发生过一次倒转。

那么，地磁场为什么会发生倒转呢？多少年来，这个问题一直引起人们的极大兴趣。据史载，早在 1600 年，酷爱物理学的英国女王伊丽莎白一世的侍医吉尔伯特通过试验，提出了"地球本身是块磁铁"的见解。著名数学家、地磁学大师高斯证实，产生地磁的原因就在于地球内部。高斯对世界各地的大量观测结果做了仔细分析，进而指出，地球中心有个相对于地球自转轴呈约 11°倾斜角的地磁轴。其后，世界各地测定发现，地磁每年都在发生着变化。它预示了地球内部似乎有某种物质在起作用。

对于地磁场倒转的根本原因，目前比较有代表性的假说是所谓"发电机效应理论"。这种学说认为，地球的核心是由熔融状的铁镍等组成，这种流体随着地球的自转而旋转。因为是在磁场中运动，于是就有涡电流产生，形成了新的磁场。这一过程与发电机酷似，所以称为"发电机效应理论"。实际上它还涉及流体的对流等因素，这种复杂的运动导致地磁场时常发生变动。另一种理论认为，地球所处的太阳系围绕银河系中心运转时，或多或少要受到外界的有规律干扰，可能就是这种干扰导致了地磁场的变化。

据测定，目前地球的磁场强度有逐渐减弱的趋势，其磁极点也正在以每年 10 千米的速度移动着。这是否预示着地磁场将要倒转呢？对此科学家们不敢妄加评论，只有找到了地磁场发生逆转的根本原因，才有可能得出最后的结论。

大地与海洋

地球南北两极一凸一凹是巧合吗？

  1989 年，为纪念瑞典皇家科学院建院 250 周年，瑞典邮电部门专门发行了一套极地邮票，在本票的封面上印有两幅地图，左边是北冰洋地图，右边是南极洲地图。细心的人发现，南极洲和北冰洋一个是陆地，一个是海洋，面积和形状却极其相似。北冰洋的面积是 1310 万平方千米，南极洲的面积则为 1405.01 万平方千米。如果把南极洲地图剪下来，覆盖在北冰洋上，旋转 750°，南极半岛正好像一条腿似的伸进大西洋北端的挪威海。如果有一把巨大的铲子，能将南极大陆沿海平面以上 250 米左右的地方铲下来，然后翻转过来，小心翼翼地扣到北冰洋里去，那么地球的两极就会变成海拔 250 米左右的平地。

  地球的南北两极在高低起伏上也有明显的对应之处。南极有一条高高的山脉横穿大陆，它就是横贯南极山脉；而北极则有一条深深的海沟横在海底，它就是北极海沟。北冰洋的平均深度为 1205 米，而南极洲的平均海拔为 2350 米。南极洲最高的山峰是文森峰，海拔为 5140 米；而北冰洋最深的地方深达 5527 米。也就是说，南北两极不仅其最高点和最低点的海拔数值大体相似，而且其所在的位置也一一相对。

地球的南北两极为什么一凸一凹呢？这个现象引起了一些科学家的注意。如果说这些奇异的地理现象并不是巧合，那么唯一的可能就是地球在早期形成过程中，宇宙中似乎存在着一种巨大的压力，就像压模似的，不仅把地球压成了一个扁平的球体，而且还把地球顶部压成了一个大坑，形成了北冰洋；而大坑中的物质则在底部凸了出来，形成了南极洲。这个猜测是否正确呢？这种巨大的压力是从哪里来的呢？目前还没有人能对此做出解释。

不圆的地球

古希腊大数学家毕达哥拉斯,他认为在一切立体的图形中,球形是最美好的。既然如此,那么宇宙中包括地球在内的所有天体是否都是球形呢?

毕达哥拉斯的说法有一定道理,但毕竟只是推论,人类不能仅凭推论就接受他的观点。过了100多年,古希腊著名的哲学家亚里士多德又提出地球是球形的,证据是他在观察月食时,看到地球在月球上的投影是圆的,那么地球的形状也一定是球形的。亚里士多德的这个观点刚一提出来,就立刻引来一片质疑:如果大地真是圆的,那么住在地球另一面的人,为什么没有掉到下面的空中呢?那时候的人不懂得有地心引力,这样的问题也就很难回答上来。

到了16世纪,这个问题彻底有了答案。麦哲伦率领的船队,环绕地球航行一周成功,直接证明了大地是球形的,地球这个名字也由此而来。大地是球形的,很多现象就好解释了。比如在海边看离岸的船,先是船身隐没,然后才是桅帆。在陆地上旅行的人,如果向北走去,一些星星就会在南方的地平线上消失,另外一些星星却在北方的地平线上出现;如果向南走去,情况正好相反。

球都是圆的，那么地球圆不圆呢？这又是一个令人感兴趣的问题。17世纪末，英国物理学家牛顿推测地球应该是扁球体，因为自转所产生的惯性离心力，会使地球上的物质向赤道方向移动。而以巴黎天文台台长卡西尼为首的一派，根据他们测量子午线所得的不准确数据，认为地球是个长球，而不是个扁球。这个争论延续了半世纪之久。法国启蒙思想家伏尔泰对这场地球形状之争风趣地总结道：在伦敦认为是橘子，而在巴黎却把它想象成一个西瓜。

18世纪30年代，法国科学院派出两个远征队，一队到北极圈附近的拉普兰，一队到南美洲赤道附近的秘鲁，分别测量两地子午线的长度，才发现卡西尼的测量有错误，而牛顿的推论是正确的。

随着测量技术的不断进步，特别是人造地球卫星的利用，现在测得的地球赤道半径为6378140米，极半径为6356755米，两者相差为21385米，它的扁率为1/298.2。从这方面讲，地球要比橘子圆得多。

此外，人们在测量中又发现，地球的赤道也不是正圆，而类似椭圆，最大半径与最小半径相差200多米；北半球要比南半球细长一些，北极地区要高出10米左右，南极地区则要凹进去30米左右。形象地说，地球既不像橘子，也不像西瓜，更像梨，北极是顶部，南极是根部。

大地与海洋

地光是岩层断裂或摩擦产生的吗？

在形成于春秋时代的《诗经》中，曾经描绘过公元前200多年发生在陕西一带的一次大地震："烨烨震电，不宁不令，百川沸腾，山冢崒崩。"这里的"烨烨震电"说的就是与大地震伴生的地光。

地光这一奇异的自然现象，很早以前就为人们所发现。因为它常与地震相伴随，在某种情况下还可作为地震的前兆，因此更为人们所注意。

的确，在地震发生前后的一段时间里，往往伴随着隆隆地声而同时出现闪闪地光。地光的颜色多种多样，红、橙、黄、绿、青、蓝、紫都有。人们通常看到的地光，有的蓝里带白，酷似电焊火花，耀人眼目；有的红似朝霞，映满天空；有的形似彩虹，五颜六色；有的犹如一条光带划破长空；有的则如一团火球，或沿地翻滚，飘忽不定，或腾空而起，高悬半空……面对如此奇异的景象，人们不禁要问：地光到底是怎样形成的呢？

有些科学家从大气静电场强度的变化和空气中带电粒子浓度的变化着手研究地光的产生过程。他们发现，在地震的孕育过程中，随着地应力的增加和裂缝的产生，地下含有放射性物质的液体、气体以及其他易挥发的成分会向地表迁移而进入大气。这些气体都很

容易发生电离。一旦它们以带电粒子状态进入大气后，便会增加大气中离子的浓度，当达到一定数值时，再加上某些诱发因素，就可能引起放电发光。

如果是这样的话，那些诱发因素又是什么呢？

有的学者认为，地光与大气圈、岩石圈乃至水圈都有密切的关系。地震是一种能量的积累和释放过程。由于地球不停地自转和地球内部物质的不断运动，在地球内部就产生了一种力，促使地壳中的岩层发生变形。与此同时，岩层也产生一种反抗变形的力，称为地应力。随着岩层变形的加剧，地应力不断增强，当地应力积累到一定强度时，岩层就会突然发生破裂和错动，于是出现巨大的能量释放，并以地震波的形式向四周传播。地震波有纵波、横波，还有高频波和低频波之分。而高频波和低频波可能就是引起地光的一个原因。

有的学者根据石英岩的压电效应，认为地壳中的岩石在具有较高电阻率的情况下，1~10赫兹的低频地震波能使岩石产生很强的高压电场，从而使空气受激发光。

有人从地震发生前有些日光灯会自动闪亮这一现象得到启示，认为地光也可由高频地震波（超声波）打击空气造成。有人还指出，深层地下水的流动也可导致大地电流的产生，从而引起地光的发生。

此外，还有人认为，地光的形式是多种多样的，因此它的成因也决非一种。例如有的地光是沿着裂缝产生的，这样的地光可能是由坚硬的岩层在强烈的地震时发生断裂或摩擦产生的。中国古代就有"石中火"的说法，比较直观地把地光和地壳的组成与变动联系起来。但这种说法只能解释一部分地光，而不是全部。

美国科学家在实验室里对圆柱形的花岗石、玄武岩、煤、大理石等多种岩石试样进行压缩破裂试验时发现，当压力足够大时，这些试样会爆炸性地碎裂，并在几毫秒内释放出一股电子流。正是这股电子流激发了周围的气体分子，使它们发出微弱光亮。这种岩石破裂时所产生的光亮，使人们有理由相信，当强烈地震发生时，广泛发生的"岩石破裂作用"会产生足以使人感到炫目的地光闪烁。但这也只是解释了形成地光的一种可能性。

总之，要想彻底弄清地光的形成原因，还需科学家们做许多工作。

科学家或许是错的

极光是太阳活动的结果吗？

在北半球高纬度地区的许多国家，人们有时会在茫茫的夜空中发现一种绚丽多姿的神奇闪光，它有时会以红色绒幕状蓦然出现，转瞬之间又变成一片绿色的草地。时而似万马奔腾，时而似龙蛇游动，或者刀光剑影，火焰喷射……这种在夜晚天空中出现的光怪陆离的奇景，被人们称为"极光"。它在美国阿拉斯加北部、挪威北部等地区很容易被见到，时间集中在春分与秋分前后。

极光的爆发会严重干扰电离层，破坏无线电信号的传播，这会对通信和交通带来严重影响。例如，监视极地上空飞行器的预警屏幕上，有时会接收到其他地区的飞行器信号，出现虚假图像并报警。有时又会在极光的干扰下，发现不了极地上空的飞行器，这对空中飞行的安全十分不利。

另外，极光可以在许多细长的导体中感应出强大的电流，从而产生巨大的破坏力。如在1972年，一次极光的出现竟使哥伦比亚一台23万伏的变压器被炸毁，还造成美国的一条高压输电线跳闸。

为了防止和避免极光对人类的破坏，科学家们对极光进行了大量的研究，其中研究的最根本的问题是极光的形成原理，但直至今天还没有人能对此做出十分满意的理论解释。

极光究竟是怎样形成的呢？一般认为，极光是太阳活动、地磁场和高空大气共同作用的产物。太阳内部剧烈的核反应能产生大量的能量，并不断地向太空喷射大量的带电粒子，如质子、电子等。这些带电粒子冲入地球后，集中降落于南北极的高空层，与各种气体原子和分子冲撞后，便造成发光现象。

然而这种看法存在着很大的漏洞。如果说极光是由太阳活动造成的，那么太阳向地球释放的带电粒子是不间断的，因而极光也应是持续不断的一种现象。然而事实并不如此，这又如何解释呢？

后来，人们又提出了几种假设，企图揭开极光之谜。有的科学家认为，极光的形成是以带电粒子高速通过地磁场为前提的。而从太阳发出的带电粒子流在各种因素的影响下，很像一台天然的发电

　　机,它发出的电流能形成带电粒子流。"发电机"转速加快时,促使等离子区的离子流加速,极光便会加速释放,而"发电机"在低速运转时,就是极光的平静期。

　　也有人认为,地球的磁力线具有一定的弹性,它能把太阳风泄漏进来的带电粒子在磁场内积累起来,然后在某种触发因素作用下骤然将其释放出来,这就形成了极光的突然爆发。

　　以上各种理论虽然彼此冲突,但是可以看出,极光的形成确实与太阳的活动存在一定的联系。科学家们也正是从这一联系出发,运用各种先进技术,以求早日揭开极光形成之谜。

大地与海洋

火山爆发能预测吗？

地球上的火山爆发总是具有惊人的破坏力量。早在公元79年，意大利的庞贝城就毁于维苏威火山爆发。1883年，位于印度尼西亚巽他海峡的喀拉喀托火山爆发，把面积达75平方千米的喀拉喀托火山岛炸得只剩下1/3，形成了一个深约300米的海。

火山爆发所造成的严重灾害，引起了科学家们对火山研究的重视，对于有关火山的一些问题进行了大量深入的研究，取得了很多成果，但有一个首要问题却至今没有得到彻底解决，这就是：决定

火山爆发的主要因素是什么？

　　科学家告诉我们，火山爆发是岩浆活动的结果。在地壳的巨大压力下，地层深处的岩浆处于高度的压缩状态，一旦地壳出现裂缝，岩浆就会顺势上升。接近地表时，在氧气的作用下，岩浆温度大大提高，发生剧烈膨胀，于是就冲破了地壳最薄弱的地方，形成凶猛的火山喷发。

　　按照传统的理论，在火山爆发的过程中，气是主要的动力。火山好像一个啤酒瓶，里边装着很多岩浆，岩浆里含有很多水分和气体，包括炽热的蒸气。地壳的板块移动碰撞，就好像在摇晃啤酒瓶，使气体和水蒸气活跃起来，最后带动熔岩一起喷发出来。因此，火山爆发的时间，主要是由岩浆中的气体数量决定的。

　　针对这种"啤酒瓶理论"，有些地质学家又提出了一种"压力锅理论"。他们认为，一座火山如同一口压力锅，上面装的是正在上升的岩浆柱，下面装的是储存的岩浆，中间有一个安全阀，它就是火山出口岩壁上的孔隙度。当岩浆所提供的压力足以把岩壁孔洞中的气体完全驱走，安全阀就会打开，让岩浆喷发出来。如果岩浆的压力不足，安全阀就会把岩浆老老实实地关在下边。

　　压力锅理论的提出，引起了很多科学家的极大兴趣。他们指出，根据这种新理论，对火山喷发后岩浆样本中的气体含量进行分析，同时对火山岩石的孔隙度进行测量，就有可能预测火山是否会再次喷发。如果这种预测能够应验，就可以证明压力锅理论有一定的正确性，但目前在这方面还没有得到明确的结果。

科学家或许是错的
SCIENTISTS MAY BE INCORRECT

地球的实际年龄到底是多少？

根据《圣经》的记载，上帝第一天创造了天地，然后在接下来的一周内创造出了自然界的万物。按照基督教的这个传说，地球只有数千年的历史。当然，这仅仅是传说而已，远非事实。地质学家们说地球已有大约 46 亿年的历史，这是经过详细的研究得出的科学结论。

18 世纪初，科学家们开始用海水来推算地球的年龄。英国科学家哈雷首先提出了这样一个观点：海水变咸是由大陆上的盐分流进海中引起的。于是，他根据全世界大陆河水每年流进海中盐分的比例，去除海水现有的盐分总量，得出的结果是海洋的形成大约有 1 亿年的历史。由于海洋形成于地球之后，所以海洋的年龄并不等同于地球的年龄，只能说地球的年龄要超过 1 亿年，究竟是多少，只能大约估计为 2.5 亿年。但这种算法本身很不科学，河水每年带进海中的盐分不断通过蒸发被海风吹到陆地上，还有其他一些原因，使得海水盐分总量的准确值无法计算，由此得出的结论也不准确。

进入 19 世纪后，科学家们试图利用海洋沉积物的厚度来计算地球的年龄。据推算，岩石每沉积 1 米厚，需要 3000~10000 年的时间。现在地球上最厚的沉积岩的形成至少有 3 亿~10 亿年，但由于地球

的形成时间在这些沉积岩之前，因而用这种推算方法仍然不能得出地球的准确年龄。

1896年，法国物理学家安东尼·白克勒尔在研究某个课题时偶然发现，金属铀可产生一种当时尚无人知的射线。物理学家卢瑟福便建议用同位素来测定地球的年龄。由于在一定的时间内，放射性元素衰变的数量和产生新物质的数量在速度上比较稳定，而且不受外界条件变化的影响，所以这种放射性元素测定法即同位素测定法的可靠性得到了科学界的认可。

同位素测定法主要有铀铅法、铷锶法、钾氩法等。以铀裂变为铅和氩为例，原子量为238的铀，每经过45亿年，就要衰减到原来质量的一半。同位素测定法就是根据铀和铅等的含量来计算岩石的年龄，也就是地壳的年龄。这种计算结果表明，地壳已有 30 多亿年的历史。但地壳的年龄并不等于地球的年龄，因为在地球形成以前，它还有一段表面处于熔融状态的时期，加上这段时间，地球的年龄约为 50 亿年。虽然如此，同太阳系的其他星球相比，它的形成时间还算是比较晚的。

20 世纪 50 年代，美国加利福尼亚州帕萨迪纳加州理工学院的克莱尔·帕特森教授通过测定岩石矿物中铀裂变的最终产物——铅的相对丰度，确定出地球的年龄约 45.5 亿年。

后来，科学家们分析了美国"阿波罗号"飞船带回的月球岩石样本，根据岩石中钨-182 同位素的含量，测算出月球的年龄为 41 亿~46 亿年。按照宇宙大爆炸理论，月球与地球是同时形成的，那么月球的年龄就应该等于地球的年龄。

运用同位素测定法来测定地球的年龄，其原理是同位素的衰变，这是很科学的，问题是这里隐含着一个假定，那就是把检测的岩石的形成时间当作地球的诞生时间。那么，这个岩石是否就是地球上最古老的岩石呢？当岩石从灼热的熔融岩浆中凝固时，地球早已诞生，这中间经过了多长时间呢？对这些疑问，至今仍然是众说纷纭，于是有人打趣说："母亲地球老糊涂了，忘记了自己的年龄。"

大地与海洋

地球在不断膨胀吗？

早在 1620 年，英国著名的哲学家和科学家培根就提出过地球在不断膨胀的假说，从这以后，不断有人提出这类假说，并用它来解释地球上的造山运动和大陆及大洋的形成等问题。有人把大陆漂移、海底扩张和地球上各级规模的构造都归因于地球的膨胀，同时指出，地球的膨胀是非对称性的，南半球比北半球膨胀得更显著，因此所有大陆都向北移动，而所有环绕太平洋的大陆看来正向着太平洋运动。

地球学家欧文指出，在漫长的地质时代里，地球一直处在不停膨胀的状态中。在大约 20 亿年以前，地球的直径可能只是现在的 80%。

欧文的观点是在"大陆漂移学说"的基础上提出来的，用它可以解决一些以地球体积不变为观点所无法解释的问题。根据大陆漂移学说，在很早以前，地球上只有一块完整的超级古陆，后来在各种内力和外力的作用下，它分裂成了今天的欧亚、北美、南美、非洲、澳大利亚及南极大陆。可是细心的科学家们发现，将这些大陆的模型复原后，各个大陆之间并非完全吻合，还存在着许多球面状的三角空隙。欧文将其称为"三角形地带"。按照欧文的观点，超级古

陆分裂时，地球的体积要比现在小，所以各个大陆复原后就会存在缝隙。可以这样说，三角形地带成了"地球膨胀学说"的主要证据。

有人用一个形象的说法来说明这个问题：如果一个橘子的外皮保持不变，而内部逐渐膨胀变大，结果必然会使橘皮裂开而产生裂隙。

古地磁观测资料表明，在近地质时期，各大陆普遍向北移动，而北极地区并没有被这一运动过程所挤压。要合理地解释这一矛盾现象，人们只能认为这是由于地球膨胀造成的。

如果接受欧文的地球膨胀学说，承认地球近20亿年来确实膨胀了目前直径的20%，这就意味着地球的直径增长了大约2500千米，这是一个多么可观的数字啊！但若以20亿年来计算，平均膨胀速度不过每年0.125厘米。那么，这种膨胀的动力来自哪里呢？欧文等人推测，地球内部的地核物质浓度在不断变化，这可能是导致地球膨胀的主要原因。比如说，原来比较稠密的地核转变为比较松散的原子状态，就会使其体积增大，从而使地球不断膨胀。

虽然地球膨胀的观点十分合乎情理，但它和其他有关地球演化的理论一样，只是假说而已，其真实性还有待实践的检验。尽管如此，地球膨胀学说仍然是充满生命力的，有的国家已成立了科研小组，专门对这一理论进行研究。

科学家或许是错的
SCIENTISTS MAY BE INCORRECT

喜马拉雅山真的能超过万米吗?

世界最高峰——矗立于喜马拉雅山地区的珠穆朗玛峰,高度达到8844.43米。但许多地质学家在它的岩层中,却发现了珊瑚、三叶虫、鱼龙、海藻等多种古海洋动、植物的化石,因而他们推测现在的喜马拉雅山是在4000万年至5000万年以前,由于欧亚板块和印澳板块之间的相互碰撞,从古海中崛起的。

不仅如此,地质学家们还发现这样一个现象,即喜马拉雅山总是在以一定的速度增长。他们经过精密的测量,发现喜马拉雅山在第四纪的300万年中约上升了3000米,也就是说,平均1万年就上升10米。可最近1万年来,它却上升了500米,平均每年上升5厘米。而且,目前它还在继续上升,只不过这种上升的速度很慢,人们觉察不到罢了。

说到这里,也许有人会问,照这样上升下去,喜马拉雅山会不

会超过1万米呢？这个问题不仅令一般人很感兴趣，许多地质工作者近年来也在一直加以研究，并提出了不同的意见。

一种观点认为，喜马拉雅山虽然目前仍在升高，但想超过万米，却是绝对不可能的。持这种观点的人对此还做了详细的解释。

从微观角度来看，岩石是由许多岩石分子构成的，因为这些岩石分子之间存在着电磁力，所以这些岩石分子才能以一定的结构排列，并彼此结合，构成了坚硬的岩石。但是岩石是有重量的。假如我们把一块块豆腐叠起来，刚叠了几块，最下边的那块豆腐准会变成豆腐泥。这是上面豆腐的重量超过了底下豆腐的承受能力而造成的结果。这种情况也完全可以用来解释山脉。可以把高山看作是泥土和岩石相叠而成的，如果不断地加码，那么下面的岩石所受到的来自上面的压力就会不断增大，而到了一定的极限后，下面的岩石就会粉碎，上面的岩石就会坍塌下来，所以高山上升到一定程度就会变矮。

从岩石分子之间的电磁力方面来分析，山越高，它自身的重量越大，破坏岩石分子之间的电磁力的能量也越大。科学家通过这方面的演算得知，地球上的高山极限约为1万米。所以地球上所有的山峰，都不可能超过1万米。

还有一种观点认为，既然喜马拉雅山自古以来都在不断地增长着，所以它以后也必定继续升高，因而超过万米是完全有可能的。至于地质学家的计算及分析，虽有一定道理，但不能决定未来。

究竟喜马拉雅山能不能超过万米大关，还是让未来告诉人们吧！

大地与海洋

沙漠是气候制造的吗？

一提到沙漠，有人一定会想到干旱地裂，想到飞沙走石。的确，沙漠是地球上干旱地区的一种景观。这样就形成了一种似乎是顺理成章的观点：沙漠是由干旱造成的。

持有这种观点的人的主要依据是，目前世界上的大部分沙漠都集中在赤道南北纬15°~35°之间，比如南亚的塔尔沙漠、澳大利亚的维多利亚大沙漠、北非的撒哈拉大沙漠、阿拉伯半岛的鲁卜哈利沙漠等，这部分地区气候干旱，因此就造成了茫茫无际的沙漠。可是，单凭这一点就能证明是气候制造了沙漠吗？这种干旱的气候与沙漠

的形成是不是一种很偶然的巧合呢？

在解答这个疑问之前，我们需要把话题稍稍拉开一点儿。从20世纪30年代开始，就有人传说在撒哈拉大沙漠中发现了历史壁画。而在50年代，这种传说变成了现实。法国的一位考古学者率领一支探险队，终于在撒哈拉大沙漠中发现了近600平方米的壁画。

这些壁画的内容丰富多彩，基本上反映了人们在当时的生活情景。据生态学家们分析，这些壁画的内容活生生地表现了撒哈拉大沙漠是如何由水草肥沃的牧场变为荒漠的。生态学家们还指出，大沙漠以前是猎人们的牧场，这一牧场分为四个时期，即猎羊人时期、牧牛人时期、牧马人时期、骆驼人时期。通过对壁画的具体分析，生态学家们认为，撒哈拉大沙漠并非天生如此。

同时，地质学家们对撒哈拉大沙漠做了更进一步的考察，结果找到了当年生长在这里的阔叶树种以及化石。生物学家还在沙漠的山谷中找到了碧绿葱翠的橄榄树。

这一切都似乎可以说明，撒哈拉大沙漠并不完全是由干旱的气候"制造"的，它原来是一片肥沃的大草原，后来，由于人们破坏了生态平衡，才使它逐渐变成了沙漠。所以，是人类制造了撒哈拉大沙漠，但干旱的气候提供了相当重要的条件。

但也有的科学家认为，沙漠与干旱的气候毫无关系，它完全是人类自己制造的。法国哲学家夏托·布莱恩曾说过这样一个预言：野蛮时期是森林、草原，到了文明时期却成了沙漠。

但这个观点刚一提出来，立即就遭到了很多持不同见解的科学家们的强烈反对。他们反问道：如果说沙漠和气候毫无关系，完全是人类自己造成的，那么在人类还没有出现在地球上之前，沙漠是如何产生出来的呢？他们认为，人类破坏生态平衡的行为，当然会使大草原变成大沙漠，但沙漠也是一种生态类型，这种生态类型在人类出现以前就已经存在了。

那么，到底是谁制造了沙漠呢？是人类，还是气候？还是二者共同制造了沙漠？目前仍无定论。

科学家或许是错的
SCIENTISTS MAY BE INCORRECT

为什么湖水也有涨退现象？

我们知道，海水常有潮汐现象，湖水大多水平如镜。奇就奇在，有的湖泊的湖水居然也有涨退现象。

位于广西阳朔县美女峰下的犀牛湖，就是一个涨退十分有规律的湖泊。它的出现也非常奇特。在犀牛湖未出现之前，这里本来是一片田地。1987年5月中旬，从美女峰下的地下溶洞里突然传出一

阵隆隆声，随后喷出一米多高的水柱。一个星期左右，形成了一个水深两米、水面方圆 0.2 平方千米的湖泊。此后无论天气怎样，湖水不涨也不消。但到了当年 9 月 25 日晚上，湖水开始消退，30 日晚上一夜间湖水一滴不剩，全都消退了。

据阳朔县志记载，犀牛湖湖水的这种突然涨退现象，历史上曾多次发生，大致规律为每隔 30 年左右发生一次。这种奇异现象吸引了众多的人前去探秘，但目前对它还一无所知。

无独有偶，位于非洲的莫桑比克、马拉维和坦桑尼亚接界处的马拉维湖也有涨退现象，但它的涨退和水位消长没有规律，具有很大的随意性。每天上午 9 点左右，湖水开始消退，直到水位下降 6 米多才停止；两个小时后，湖水继续消退，一直到出现浅滩才渐渐停息下来。四个小时后，湖水又升高到原来的水位。下午 7 点，水位又不断上升，两小时后才风平浪静。

马拉维湖水位涨退与犀牛湖不太一样，一是毫无规律可循，有时一天一次，有时几天一次，但每次都是上午 9 点左右开始，前后持续 12 个小时。二是它的湖水不是消退殆尽再复出，只是水位有变化而已，因此马拉维湖湖水的涨退现象更接近海水的潮汐现象，所以有人认为它们的原因也相同，即由于月亮和太阳的吸引力导致了水位涨落现象的出现。但这一观点很快就被推翻了，因为与马拉维湖相距很近的鲁夸湖和奇尔瓦湖也同受日月之光，为何没有这种怪现象呢？

于是人们又开始提出新的假设。法国地理学家雅克·施戈特尼斯推测说，马拉维湖下面可能还隐藏着一个地下湖泊，它与地面湖泊形成连环湖，由于某种自然因素的作用，湖水时而泻入地下，时而涌出地面。为了进一步证实这一推测，1987年8月，意大利的一支地质考察队专门在马拉维湖的底层深处进行了广泛的勘察，调查结果却证明这种设想根本不能成立。

为了揭开湖水涨退之谜，人类几乎是绞尽脑汁，但原因仍然搞不清楚，这方面的研究目前只得处于停滞状态。

大地与海洋

南极地区的陨石多是因为地磁不同吗？

1912年，澳大利亚的一支探险队，在距离磁南极西北不远处的威尔克斯地的冰雪中，发现了一块重约1000克的陨石。当时，人们都以为这是一个偶然现象，并没有想到这里边会有什么奥秘。

大约半个世纪过后，人们在南极地区发现的陨石数量突然急剧增加。从1969年到1976年，日本探险队在南极大陆东毛德皇后地的大和山脉这片200多平方千米的范围内，竟然收集到约1000块陨石。1976年以后，其他国家的探险队又在大和山脉、阿伦地区、维

多利亚谷等地区，相继发现了大量陨石。到20世纪80年代末，人们在整个南极大陆上找到的陨石总数已达七八千块，尚未被发现的陨石还不知有多少。

在南极地区发现的陨石不仅数量多，而且比较集中，这是为什么呢？

科学家们发现，南极地区陨石绝大多数都集中在日本昭和基地附近的大和山脉和其他高山周围，以及美国基地附近的丘陵附近。集聚在这些地方的陨石有着各种类型，这说明它们原先是分散在各地的。

有关专家在经过了认真研究之后，认为这些陨石是随着冰层的缓慢流动而集中到一起的。南极大陆中间部分的冰层比较厚，越靠

近海岸边冰层越薄。当冰层由高处向低处滑动时，就会使埋藏在冰层中间的陨石一点点地向海岸地区靠近。在这个移动过程中，一遇到高山、丘陵地带，自然会就地停下来。

如果说南极地区的陨石比较集中的问题已经得到了解释，那么剩下的问题就是，南极地区的陨石为什么这么多。一部分科学家认为，南极大陆就在地球的自转轴上，其地磁情况与别处不同，也许正是这个原因，使得从天而降的陨石大多落在这里。如果这种解释是正确的，那么，北极地区的地磁情况也与别处不同，而为什么在那里没有发现大量陨石呢？看来，问题并不那么简单，很有可能另有原因。

科学家或许是错的
SCIENTISTS MAY BE INCORRECT

极地的冰层会不会消融？

据美国专家描述，南极、北极内的冰块正以每年上亿吨的速度消融。

这件事情的发生立刻引起了很多科学家的忧虑。关于地球气候未来变化的总趋势是会变暖还是会变冷，尽管科学界仍有争论，但近年来地球不断升温却是事实。按照这个事实，气候变暖就必然会引起极地冰层的融化。据科学家的预测，到21世纪中叶，全球平均温度将增加1.7~8℃。那时候由冰层融化而来的水会使海洋面积自然扩大，海平面将升高1~2米，世界上很多沿海城市和低洼地区都将被海水淹没。

对于这种可能性，人们普遍感到情势紧迫，却很少有人对它有所怀疑。然而，一些科学家却提出了相反的意见。他们认为，尽管全球气候正在变暖，但南极的冰层仍在加厚，不存在海平面上升危及海岸低地的危险。

英国爱丁堡大学地理系教授萨格登和美国缅因大学地质学教授丹顿对南极东部进行考察后发现，在过去的3800万年中，南极周围地区的冰层一直在周期性加厚。这两位科学家认为，一定程度的升温会增加空气湿度，而南极周围地区十分寒冷，这样就会带来更多的降雪。因此南极周围的冰层不仅不会消融，反而会增加厚度。

据科学家计算，如果要想使极地冰层消融，气温需要在现有温度基础上升高17℃。然而根据气候研究人员向联合国提交的报告，温室效应每10年只会使大气层升温0.3℃。

由此可见，即使地球气温升高能持续上百年，也不会造成冰层的融化。不过，如果地球的气温上升到一定程度，北极的冰层就有可能保不住了。北极的冰山比南极的少很多，而且它的周围被广大干冷的陆地所包围，得不到充足的水汽，因而降雪较少。一旦气温升高，这里的冰层不会像南极那样经常得到降雪的支持，于是就可能开始消融。有人甚至这样预测，北极将会出现一望无际的待开垦的处女地，加拿大的部分地区和俄罗斯的西伯利亚将会成为地球上

最肥沃的农田。

持这种观点的科学家大有人在。极地勘察者和飞行家科洛耐尔·勃思特·鲍肯认为,北冰洋上的冰层已经开始变薄,其附近的海域将在几十年后成为开放的海域。

俄罗斯和美国的一些学者都比较认可鲍肯的观点。他们指出,北冰洋和南极的冰层有很大的区别,在北冰洋,冰层很薄,覆盖在深海之上,这种冰层是很脆弱的,正常的太阳热能的增长或大气透明度的变化以及"温室效应"的加剧,都会引起冰层的变化。

许多科学家经过考察得知,在北冰洋,尽管每年融化的冰不多,但有1/4的冰层是在夏季融化。这是因为海湾暖流从大西洋流入,从而在水面以下形成了暖流层。而且,在夏天,北极地区阳光昼夜不断,这个时期接受的光照比赤道还要多。

美国一位大学教授认为，如果北冰洋的冰层消失了，那么在冬季也将不会再结冰，这是一种很正常的现象。他还认为，北冰洋现存的冰层年龄有 100 万年，而在此之前的 7000 万年中，北冰洋上面就没有冰。因此有人这样猜测：在大西洋两岸会出现持续结冰的现象，仿佛是代表了原来的北冰洋，这也显示了一种海洋冰层的周期性变化。

鲍肯等人发出的警告已经引起了美国海军的注意，他们聘请了华盛顿大学的诺勃特·安德斯蒂尔博士对北冰洋的冰层变化进行调查。然而安德斯蒂尔博士却这样认为：从根本上说，不仅北冰洋的气候正在变冷，而且所谓的冰层漂移的证据以及冰层变薄的说法都不能令人信服。安德斯蒂尔博士的意见也得到了一些科学家的支持。他们认为，在 20 世纪中，北冰洋的水面一直在逐渐减少和收缩，这说明北冰洋的冰层在不断增厚。

那么，极地的冰层究竟会不会消融呢？看来，这个问题只有明天才能得出答案。

科学家或许是错的
SCIENTISTS MAY BE INCORRECT

为什么有的地方沙子会"唱歌"？

世界上有会唱歌的沙子吗？有。我国很早以前就有过这方面的记载："河西（指黄河以西）有沙角山，峰崿危峻，逾于石山……人欲登峰，必步下入穴，即有鼓角之声，震动人足。"

中国著名的气象学家竺可桢也曾对会唱歌的沙子做过描述："在宁夏回族自治区中卫县（今中卫市）靠黄河处有一个地方叫鸣沙山……沙漠在此处已紧逼黄河河岸，沙高约一百米，沙坡面南坐北，中呈凹形，有很多泉水涌出，这块沙地向来是人们崇拜的对象。据

说，每逢农历端午节，男男女女便在鸣沙山上聚会，然后纷纷顺着山坡翻滚下来。这时候沙便发出轰隆的巨响，像打雷一样。两年前我和五六个同志走到这鸣沙山顶上慢慢滚下来，果然听到隆隆之声，好像远处汽车在行走似的。"

20世纪60年代的一个夏天，新华社记者从乌鲁木齐发回一篇通讯，叙述了他们在塔克拉玛干的奇异经历。有一天晚上，他们宿营在一个百米多高的沙丘顶上。突然，不知从哪里传来嗡嗡的声音，就好像有人在拨弄琴弦。仔细一听，原来是沙子下滑时发出来的。于是，他们便使劲踩沙子，可是这时发出的就不是嗡嗡的琴声了，而是变成了轰轰隆隆的巨响，好像飞机在空中盘旋似的。

人们把这种能发声的沙子称为会"唱歌"的沙子，也有人称之为响沙、神沙、音乐沙、歌沙等。人们还发现，响沙鸣叫一般发生在炎热的刮风天。国外也发现了不少这样的沙丘，而且它们分布极广，但大多数见于沙漠、海滨或湖畔。

这些沙丘为什么能"唱歌"呢？科学家对此做出了种种解释。

有的人推测这是由于沙粒滑动时，它们之间的孔隙时大时小，经常变动，空气时而进入这些孔隙，时而又被挤出，因而就发出了嗡嗡声。

有的人则认为，这是由于沙丘下面存在着一个潮湿的沙土层，上面干燥的沙粒的振动传到潮湿层时，就会引起共鸣，发出声响。沙丘下面存在着潮湿层是有可能的，敦煌鸣沙山和中卫市鸣沙山的山脚下都有泉水涌出，就足以说明这一点。但是潮湿层能不能引起共鸣呢？这一点还不能肯定。

科学家或许是错的
SCIENTISTS MAY BE INCORRECT

还有的科学家提出，沙子里含有大量的石英，且沙漠表面的沙子细而干燥。被太阳晒热后，再受到风吹或人马走动的影响，沙粒摩擦就会发出声响来。有的学者通过试验证明，那些"涂"有钙、镁化合物的薄层的沙粒，在摩擦时也会"唱歌"。

近年来，又有人对此做了更深入的解释，认为这种现象是由于石英晶体对压力非常敏感，受到挤压后就会产生电，而在电的作用下它又会伸缩振动，并发出声音来。

尽管有了这么多解释，但沙子"唱歌"的秘密还是没有被完全揭开。

地球上为什么会出现冰期？

地球的发展经过了许多地质时期。在地球最近的地质时期——第四纪开始以后，地球上的气候逐渐进入了一个相对来说比较寒冷的时期，最冷的时候，亚洲北部、欧洲北部、北美洲北部以及整个北冰洋，几乎全覆盖在大冰层之下，大冰层最厚的地方有两三千米。据科学家们估计，冰川面积最大的时候，整个地球大陆有 30% 的面积被冰川掩盖。即使现在，地球上的冰川的面积还有近 1620 平方千米，相当于冰川最盛时期的 1/3 左右。就地球长期的历史来看，在第四纪中，虽然其间有过多次比较暖和的时候，有时冰川规模比较小，但比较起来，第四纪仍旧是一个寒冷的时期。在地学上，一般把这段时期称为"第四纪大冰期"。类似的情况在地球上曾出现过两次。

那么，地球上为什么会出现冰期呢？围绕着这个问题，主要出现了以下几种解释。

有的科学家从天文因素来解释，认为地球上的气候变冷，是由于太阳系在宇宙空间所处的位置变化引起的。当太阳系通过宇宙间的寒冷部分时，或太阳系通过宇宙星云时，星云吸收了部分太阳辐射，地球上获得太阳辐射较少，地球上的温度大幅度下降，因而地球上就出现了冰期。

有的科学家从地球绕太阳运转的轨道的偏心率变化和地球自转轴对地球轨道的倾斜度的变化来解释。他们认为，地球轨道偏心率增大和地轴对轨道垂线的倾角增加，就可能产生冰期。

也有的科学家从地球两极位置的移动来加以解释。他们认为，在地球的历史中，两极的位置并不是固定不变的，而是在各个时期有所不同，因此，就产生了地球上气候的变化。

也有的科学家从大气物理现象来加以解释，认为在火山活动频繁的时期，大气中的二氧化碳增加，而二氧化碳是可以放热的。火山活动减少时，空气中的二氧化碳也减少了，地球上的气候不会变冷。而火山喷出的碎屑物，却有阻挡阳光、使气温降低的作用。

也有的科学家从地球上的构造运动来加以解释，认为地球上发生强烈的造山运动以后，形成了许多高山。由于许多地方高度增加，气温因而降低，出现了冰期。

究竟是什么原因造成地球发展过程中的冰川时期，上述各种观点正在互相争论。

现在，地球正处在第四纪大冰期之末，是一个比较温暖的时期。会不会再有一次比现在更为寒冷的时期来临呢？科学家们认为这种情况是有可能发生的。但科学家们又认为，即使发生这种情况，地球上也只有局部地区被冰雪覆盖，而到了那时候，人类的科学和生产力水平已高度发展，将有足够的力量应付这种局面。

科学家或许是错的
SCIENTISTS MAY BE INCORRECT

地球会变暖还是会变冷？

地球未来的气候会怎么样？是越变越暖还是越变越冷？对此国内外科学家们一直争论不休。大多数人认为地球正在变暖，但也有不少科学家认为地球正在变冷。

持"变暖说"的科学家们认为，随着世界工业的飞速发展，人类盲目地砍伐森林，破坏环境，无休止地燃烧石油和煤，使大量二氧化碳进入大气中。当空气中存在大量二氧化碳时，它就会阻止热量从地表散发出去，这样热量就会积累起来，结果，二氧化碳就会像温室上的玻璃一样，使地球持续升温，产生"温室效应"。目前，地球大气中已含有 0.03% 的二氧化碳，这已经比从前增加了 15%。按这一速度计算，由二氧化碳增加而引发的温室效应，会使地球平均温度每 100 年升高 1.1 ℃。这样下去，在几百年内地球上的所有冰川都会融解成水，南北两极的冰山也会开始融化，所有沿海城市都将会沉入海底，大片陆地将被淹没。

持"变暖说"的科学家还拿出了证据。气温上升的趋势已经首先在很多城市反映出来。根据 1200 多个气象观测站提供的数据，从 1920 年以来，美国很多大城市，如洛杉矶、纽约等，气温一直在上升。

据英国气象部门的统计，20 世纪末，年平均气温升高的情况曾出现过六次,且都发生在 80 年代。1988 年的全年平均气温比 1949~1979 年的平均气温升高 0.34℃,而 20 世纪初年平均气温比 1949~1979 平均气温还低 0.25℃。也就是说,在过去的近百年中,全球年平均气温上升了 0.59℃,地球明显变暖。有的科学家据此认为,也许在不远的将来地球将没有冬天。

另外,英国气象学家测得南半球海洋及印度洋的水温一直在变暖,使这些海面上的冰帽不断融化。科学家在对过去 100 多年地球冰川的测试中,也证实了地球正在变暖,使陆上的冰河和极地的冰层有所融化,造成海洋水量增多,海平面上升。

持"变冷说"的科学家却不这么认为。大气中尘埃越来越多，这是事实。第二次世界大战以来，地球上火山爆发的次数已由平均每年16~18次增加到37~40次。从1880年到1970年，北半球人为烟尘也增加了三倍。2000年，北半球大气中的气溶胶粒子含量比1970年增加24%，这些悬浮在大气中的气溶胶粒子犹如地球的遮阳伞，它们能反射和吸收太阳的辐射，引起地面温度下降。这就是"阳伞效应"。

持"变冷说"的科学家也承认地球近年来越变越暖，但同时他们又指出，现在的气候正处于上次严寒后的温暖时期，而这种温暖很快就会被新的严寒所取代。根据20世纪40~60年代出现的气温下降趋势，他们认为地球又将进入一次新的"小冰期"。

针对气象观测部门提出的资料，有些科学家指出，这些数据97.5%是在城市或城市周围获得的，因而只能说明城市周围存在着人为的升温。而根据郊区和农村的气象观测资料，美国的科学家发现，这段时间美国的平均气温下降了0.17℃。

美国宇航局的科学家通过卫星温度测量证明，地球平均温度从1979年到1988年并没有上升，甚至在下降。在这十年中，北半球的温度稍有增高，但南半球的温度却在降低。因而总的来说，地球是在变冷。

持"变冷说"的科学家还提出了以下理论根据：

其一，地球变冷与地球自转的长时期偏差有关，它会引起气流和洋流的变异。另外，地球自转的加速会导致大陆积雪的不规则变动，这些都有可能引起气候变冷。有些科学家预言，地球气候将于21世纪进入"小冰期",也就是寒冷期。

其二,地球变冷与气候变迁有关。在古气候的变迁历史上,往往是一段寒冷的气候之后就会出现转暖的趋势,或者在温暖气候之后会出现寒冷。例如中国在公元7~8世纪,西安一带曾种植过梅树和橘树,可见当时要比现在温暖得多,而在15世纪末到17世纪曾出现过严寒季节。现在,地球已处在温暖期的末尾,不久就将步入寒冷期。

其三,地球变冷与太阳黑子有关。一些学者认为,这几年太阳黑子数已经达到高峰,今后一段时间太阳黑子将不断减少,紧跟着的便是太阳辐射不断减弱,地球气温因此就要下降。虽然地球将来会变暖还是变冷至今无法定论,但可以肯定地说,最多在百年之后,人们就能看出地球将会怎样变化,那时候,变暖说和变冷说之争才会见分晓。

海洋篇

大地与海洋

海水是来自"冰卫星"的撞击吗？

众所周知，整个地球表面的71%被海洋所覆盖着。海水是地球上水的主体，占地球总水量的96.53%。海水的总体积达13.7亿立方千米，比陆地的体积还要大14倍。这么多的海水是从哪里来的？

起初，科学家们普遍认为，这些水是地球固有的。当地球从原始太阳星云中凝聚出来时，这些水便以结构水、结晶水等形式存在于矿物和岩石中。比如，在火山活动中，总是有大量水蒸气伴随着岩浆喷溢出来，这些水蒸气便是从地球深部释放出来的"初生水"。当时，地球的外层空间没有大气包围，太空中的流星陨石可以长驱直入，不断轰击着地球脆弱的外壳，引发了一次次强烈的地壳运动和火山喷发。地球表面被陨星撞击的凹处，便成了后来贮存海水的海盆，逐渐从矿物和岩石中释放出来的初生水填充到这些坑洼凹陷的海盆中，这就是大海的雏形。

然而，科学家们经过对初生水的研究，发现它只不过是渗入地下然后又重新循环到地表的地面水。况且，在地球的近邻中，金星、水星、火星和月球都是贫水的，为什么唯有地球拥有如此巨量的水呢？

那些坚持海水是地球上固有的科学家认为，如果过去的地球一直维持着与现在火山活动时所释放出来的水蒸气总量相同的水蒸气

科学家或许是错的
SCIENTISTS MAY BE INCORRECT

释放量,那么几十亿年来的累计总量将是现在地球大气和海洋总体积的100倍。所以,地球上拥有这么多水并不值得奇怪。至于金星等地球的近邻贫水,那是由于其引力不够或温度太高,不能将水保住,不能由此推断地球早期也是贫水的。

近年来,有些科学家做出了这样的假设。那是在地球历史的早期,它曾经和一颗直径为1448~1528千米的由冰构成的"冰卫星"发生了一次碰撞。正是这次碰撞使地球从冰卫星那里获得了目前地球上的所有水分,并且为地球表面的快速冷却创造了较好的条件。而金星没有接受这样的太空恩赐,所以就没形成浩瀚的大海。

还有的科学家从人造卫星发回的数千张地球大气紫外辐射照片

大地与海洋

中发现，在圆盘状的地球图像上总有一些小斑点，每个小斑点存在两三分钟，面积达 2000 平方千米。于是，他们提出了一个与冰卫星假设异曲同工的假设。在远古时代，太阳系里运行着数以万计的小冰彗星，它们以每分钟大约 20 颗的数量源源不断地冲进地球的高层大气，最终以水的形式落到地面上。那些小斑点就是小冰彗星冲入地球大气层造成的，因摩擦生热转化为水蒸气。它们以每分钟约 100 吨的速度，释放出大量的液体水，几十亿年后，地球上便水满洼地了。

对于茫茫大海的成因，无论是"冰卫星假说"，还是"冰彗星假说"，都与传统的解释背道而驰，它们孰是孰非，至今还无定论。

科学家或许是错的
SCIENTISTS MAY BE INCORRECT

海水从一开始就是咸的吗？

当人们在海里游泳的时候，一不小心喝了口海水，就会觉得它的味道又咸又涩。海水之所以咸，那是因为海水中溶解了多种盐类。你盛来一盆干净的自来水，再盛来一盆干净的海水，放在阳光底下将它们晒干，就会发现：自来水晒干后，盆底什么都没有；海水晒干后，盆底却留下白花花的一层，这就是盐。人们利用这个原理，

在海边围滩晒盐，就是从海水中直接取盐的过程。

海水中究竟有多少盐呢？根据试验，平均每千克海水中约含盐35克，其中大部分是氯化钠，还有少量的氯化镁、硫酸钾、碳酸钙等。正是这些元素使得海水变得又咸又涩，难以入口。

那么，海水里的这些盐又是从哪里来的呢？

一部分科学家认为，最初的海水所含的盐类成分很少，甚至是淡水。后来海水中含有的盐分，是由陆地进入大海的。陆地上的岩石土壤中含有不少盐分，在雨水的浸洗下，它们不断地溶解在水中，流入小溪、河流，最后流进大海。天长日久，水分不断蒸发，盐分浓度逐渐增加，海水就变成咸的了。有关数据表明，现在每年经江河带进海中的盐分有39亿吨。

按照这部分科学家的推断，随着时间的流逝，海水将会越来越咸。而有些科学家经过长期的测试研究发现，海水并没有随着时间的增加而越来越咸，海水中的盐分也没有增加，只是在地球各个地质历史时期，海水中所含盐分的数量和成分有所变化。于是，这些科学家就提出了相反的意见：海水从一开始就是咸的，这是先天就形成的。

还有一些科学家认为，最初的海水含有的盐分很少，口味很可能相当于我们现在喝的淡水。河流给海水带来盐分的同时，也带来了大量的淡水，因此单凭河流注入这个因素，并不能使海水变咸。在大洋底部经常有海底火山喷发，随着海底岩浆的溢出，海水中的盐分就会不断增加。

既然海水中的盐分是不断增加的，那么海水是不是会越来越咸

科学家或许是错的

死海是一个内陆盐湖，位于巴勒斯坦和约旦之间的约旦谷地。死海是世界上盐度最高的天然水体之一。死海的湖水中，鱼儿和其他水生物难以生存，水中只有细菌，岸边及周围地区也没有花草生长，所以人们称它为"死海"。

呢？科学家以死海为例指出，随着海水中可溶性盐类的不断增加，它们之间就会发生化学反应，生成不可溶的化合物沉入海底，这样一来，海洋中的盐度就会保持平衡。

大地与海洋

海洋的面积为什么比陆地的大？

与太阳系中的其他行星相比，地球更像一个水球，地球的表面被海洋占去了71%，而陆地只占29%。

地球上多水的根本原因，在于地球离太阳距离比较合适，地球的大小比较适中。二氧化碳的良性循环机制，使地球总的温度维持在水的冰点以上，沸点以下。可以这样说，地球上之所以会有如此

浩瀚无边的海洋，其原因在于它得天独厚的条件。但这只是解释了地球上为什么会存留着那么多水，却没有解释为什么海洋的面积会大大多于陆地。要知道，假定地球上总水量不变，而地球的表面发生变化，沟沟壑壑再多一些，那么海水就会集中到那些地方，陆地就会相应地多起来。假定地球上的总水量再增加一倍，那么地球上就没有陆地可言，全都会被海水淹没。而从现状出发，那就要从地球的形成中寻找原因了。

有一种观点认为，当初地球在由热变冷时，由于外壳冷得快，就首先结成了地壳。后来内部物质继续冷却，体积发生收缩，外壳就变得宽大了，于是就出现了沉陷、褶皱等现象。这就好像一个苹

大地与海洋

果发生干瘪时一样，虽然有些地方隆了起来，但更多的地方都凹了下去，而凹下去的地方就被水注满了，所以海洋的面积就比陆地的大。

另一种观点认为，当地球还处在熔融状态时，由于太阳引力的作用和地球剧烈运转的结果，就把地球上的一大块物质甩了出去，形成了月亮，留下来的缺口就是太平洋。由于这个缺口的出现，就造成了地壳其他部分的不平衡，促使其他大洋相继诞生，于是就造成了地球上海洋面积大于陆地面积的现象。

还有一种观点认为，由于地球是由冷的固体物质聚集而来的，大陆是从地壳下浮出来的。刚浮出来的大陆就像岛屿一样，面积很小，但它越来越大，就变成了如今的大陆。但从总的情况来看，大陆的生成作用很缓慢，虽然经过了几十亿年的时间，毕竟时间还不够，总有一天陆地的面积会超过海洋的。

上面这些观点还都是一些假设，但即使是这样，仍然受到了不少质疑。比如，地球当初是不是熔融的物质，这还是一个疑问，那么由此而做出的推测就不能不令人怀疑。再比如，对于那种大陆不断扩张的观点，有人针锋相对地提出，海洋正在扩张，说不定大陆会被全部淹没。

海陆分布的问题十分复杂，它涉及许多方面。因此，只有把这个问题扩展开来，并在其他方面获得突破性进展，才有希望揭开这一秘密。

科学家或许是错的
SCIENTISTS MAY BE INCORRECT

太平洋是地球破裂后留下的凹坑吗?

　　太平洋是地球上最大的构造单元,它以其水深和面积居于四大洋之首,并且与大西洋、印度洋、北冰洋相比,它还有着许多与众不同的构造及演化历史,例如环太平洋的地震火山带,大洋两岸地质构造差异显著,广泛分布的岛弧—海沟系等。这就使许多人相信,太平洋一定有它自己独特的形成原因。

　　最早对太平洋的成因做出解释的是英国的乔治·霍华德,他提

出了"分裂说"。这个假说认为，在地球形成的初期，它尚处于半熔融状态，其自转速度要比现在快得多，并且在太阳引力的作用下发生潮汐。当潮汐的振动周期与地球的固有振动周期相同时，便会发生共振现象，从而导致振幅越来越大，最后有可能引起地球局部破裂，破裂部分的物体飞离地球，成为月球，而留下的凹坑便成了地球上的太平洋。

由于月球的密度与地球浅部物质的密度相似，并且人们也确实观测到，地球以前的自转速度比现在快得多，所以乔治·霍华德的分裂说曾经获得了许多人的支持。

然而，随着研究的深入，有的科学家指出，要想使地球上的物体飞向天外，地球的自转一圈时间不应慢于24/17小时，即地球上一昼夜的时间不超过1小时25分，这显然难以令人相信。并且，如果月球是从地球分离出去的，那么月球的运行轨道应处于地球的赤道面上，事实却并非如此。另外，科学家们已探明月球上的岩石与地球上的岩石在形成年龄上相差达8亿年，这显然也否定了月球曾是地球的一部分的说法，因而分裂说逐渐被人们所摒弃。

随着天体地质研究的发展，人们发现了在距离地球较近的星球上，如月球、火星等，都广泛存在着陨石撞击坑，有的规模相当巨大。于是有些科学家猜想地球也可能受过同样的撞击。法国人狄摩契尔就曾提出，太平洋可能是由前阿尔卑斯期的流星撞击而成的，但是他没能提出足够的证据。

到了20世纪60年代，许多科学家在仔细研究了月球等类地天体的地质特征后，也相信太平洋是由外来撞击形成的。我们知道，

科学家或许是错的
SCIENTISTS MAY BE INCORRECT

月球上的构造单元主要有两种，即月陆和月海。月海是月球早期由于小天体猛烈轰击而形成的近似圆形的洼地，其中最大的月海——风暴洋面积达 500 万平方千米。

科学家将太平洋与月海相对比，发现它们有如下共同特征：一、月海在月球上的分布是不均匀的，太平洋也偏隅于地球一方，这表明了它们所受撞击的随机性。二、月海的外廓呈圆形，比月陆低 2000~3000 米；太平洋大致接近圆形，比大陆低 3000~4000 米。三、月海周围有许多山链环绕，而太平洋的周围也有绵延的山链。四、太平洋底分布有起伏的海岭和海底山脉，在月海的底部也可见到一些山形或堤形的隆起。

由于存在着这些相似之处，科学家们认为，太平洋是由于地球

大地与海洋

早期受到巨大的撞击作用而形成的盆地。他们进一步指出，虽然太平洋具有许多月海所没有的特征，如太平洋底的地壳、岩浆活动仍很频繁，而月海却十分沉寂，但这是由于地球的质量和体积远远大于月球，其内部储存的能量足够维持漫长年代的地壳运动。另外，在漫长的地质史中，太平洋经历了无数次的改造，最终才形成今天的模样。

上述观点推理十分严密，因而获得了许多人的支持，但有些学者却对这种推理所依赖的基础表示怀疑。他们认为，太平洋与月海共有的一些特征也许只是巧合而已，不能以此断定太平洋和月海一样，都是在撞击作用下形成的。然而，事实究竟是怎样的呢？至今还没有人能给出无可争议的回答。

科学家或许是错的
SCIENTISTS MAY BE INCORRECT

大洋中脊是地壳运动形成的吗?

早些时候,人们曾以为海洋底部是平坦的。可是随着科学技术的发展,人们应用声呐测深仪等技术手段,发现大洋底部同陆地表面一样,也是起伏不平的,甚至某些地方的地形起伏要比陆地表面

大得多。例如，科学家们发现，贯穿世界各大洋的底部竟然有一条巨大的、绵延万里的山系。人们将其称为"大洋中脊"。

大洋中脊一般都绵延于大洋中部，好像巨大的屋脊一样，它也正是因此而得名。早在18世纪70年代，英国的科学工作者在进行海洋调查时就觉察到大西洋底的中间要比两侧高。后来，德国的专家也证实了这一点，并且发现大西洋中部高地是一条绵长的海岭。到了1959年，美国地质学家对所有的调查资料进行研究后，惊讶地发现，被称为大洋中脊的原来是一条连贯全球的巨大海岭系统。它从大西洋北部的冰岛起，蜿蜒绕过印度洋、太平洋，最后潜没于北美大陆的西岸之下。这条巨大的海底"卧龙"，绵延长达7万多千米，成为地球上最长的山岭。

纵贯世界大洋洋底的大洋中脊的发现，给地球科学理论带来了一次强有力的冲击。

科学家们发现，陆地上的大山岭通常都是由沉积岩层组成的，但大洋中脊却是由火成岩组成的。地球物理探测也表明，大洋中脊附近存在着明显的重力异常现象。一般认为，这里由于是地壳隆起地带，物质充足，所以重力值应该大些。但实际上，这里的重力值并不高，这说明大洋中脊下面的物质密度较小。另外，由于地球内部的温度高于外部，因此，地球内部的热量经常不断地流向地表。按照常理，这种热量流出在陆地上和海洋底部应该没有差别，但实际上大洋中脊处的热流值却比陆地上的大好几倍。这些都说明，大洋中脊下面是一种炽热的轻物质。

那么，巨大的大洋中脊是怎样形成的呢？显然这与地壳的运动情况有密切的联系。根据"海底扩张学说",大洋中脊顶部应该是炽热的地幔岩浆物质的涌出口,上涌的熔岩冷凝后便成为新的洋底,推动并促使老的洋底向两边扩张。在扩张的过程中,大洋中脊也不断地延伸,于是形成了今天的规模。

到了20世纪60年代以后,在海底扩张学说的基础上人们又提出了"板块构造学说"。该学说认为,大洋中脊是板块扩张中心,在那里两个板块相互分离。如果板块扩张的速度较慢,从地下涌出的熔岩有足够的时间凝固堆积,则会形成海岭。按照这个学说的解释,海岭的存在之处应与各个板块的交界处相吻合。但从目前的板块划分情况看,二者显然有差别,这不能不说是该学说的自相矛盾之处。

总之,大洋中脊的发现,对于推动地壳运动理论的发展无疑产生了很大作用。至于它的真正成因,尚待科学家们进一步探索。

大地与海洋

海底的巨大峡谷是早期河流的侵蚀吗？

如果你有机会到长江三峡旅游，一定会为其不凡的气势和奇异的景色而感叹。长江三峡可谓是陆地峡谷的一大壮观。但长江三峡的峡谷长度却是有限的，而其宏伟程度也并不是世界之最。世界上最宏伟的山谷是在海底。例如，巴哈马海底峡谷壁高差达 4400 米，白令海底峡谷长达 440 千米，而长江三峡两壁高度不过千米，全长也只有 193 千米。把它同上述两个大峡谷相比较，显然是小巫见大巫了。只可惜海底大峡谷深深地埋在洋底，人们无法去进行欣赏。

海底峡谷蜿蜒曲折，幽深莫测，还有支谷岔道。它往往起始于大洋边缘的大陆架或大陆坡上，一直延伸到几千米深的海底。那么，如此蔚为壮观的海底峡谷是怎样形成的呢？

科学家们最先认为海底峡谷是海面上的波浪造成的，但后来人们潜入海平面下发现，海平面上咆哮的海浪一般只能影响到几十米深的海底，而几百米深以下的深海底却不受风浪影响。也就是说，尽管海面上风起云涌，而海底却是一个平静祥和的世界。因而，海底峡谷的形成与风浪是没有什么关系的。

接下来对这个问题做出解释的是美国著名的海洋地质学家谢帕德，他在 20 世纪初就提出了"河流侵蚀说"。他以海底峡谷的形状与陆上的河流峡谷十分相似为依据,认为是河流的侵蚀作用造成了海底峡谷。但是,河水的密度要小于海水的密度,因此,河水入海只能漂浮于海水之上,根本产生不了侵蚀作用。对此,以日本学者星野为代表的河流侵蚀说的拥护者们提出了解释,他们认为海平面一度比现今低数千米,即现今的海底峡谷所在处过去曾是陆地,河流蚀出的陆上峡谷因海面上升或地壳下沉,才淹没于大海底部成为海底峡谷。不过,现代地质学告诉我们,全球海面大起大落,幅度达数千米之巨,这是根本不可能的,因而这种学说无法得到人们的认可。

1885年,瑞士学者福勒尔发现,富含泥沙的罗纳河河水流入日内瓦湖之后,密度较大的浑浊河水潜入清澈的湖水之下,沿着湖底斜坡下流。后来有人把这种高密度底流称为"浊流"。美国学者德

力从这篇文章中受到启发，推测宏伟的海底峡谷很可能就是由海底浊流开拓出来的。他认为，沿海底斜坡奔腾而下的浊流，会因为携带大量泥沙而具有强大的侵蚀能力。当时因为没有人观察到海底浊流的存在，所以人们对这种说法将信将疑。

大约在1946年，荷兰著名海洋地质学家奎年在水槽中做试验，他用人工方法把富含泥沙的浊水灌入水槽清水以下，果然出现了浊流。更为重要的是，他还发现了浊流具有相当强劲的冲刷泥沙能力。1952年，美国海洋学家希曾研究了纽芬兰的海底电缆在不到一昼夜之间沿大陆坡向下依次折断的事件，判定这是由强大的海底浊流所造成的破坏。他还根据海底电缆所折断的间距和时间，推算出这股浊流的最高流速达28米/秒，即使到了水深6000米的深海平原上流速仍达4米/秒，这种高流速的浊流是导致海底峡谷形成的真正

动力。

数十年来,科学家们又在海底峡谷的尽头发现了大量来自陆上和浅水地带的沙砾和生物残骸,它们在海底坡度较缓的地方沉积下来,逐年累月,形成了规模宏大的海底扇形地。这些现象都表明海底峡谷中应有强大的浊流通过。

针对这种"浊流侵蚀说",有的学者提出,海底峡谷的规模太大了,光靠浊流很难切割出深达百米甚至千米的大峡谷,况且有的谷壁上还见到坚硬的岩石。于是有的学者又提出新的观点,如著名海洋地质学家、美籍华人许靖华博士认为,陆上河谷被淹后,不断受到海洋的侵蚀和改造,加之浊流的侵蚀和谷壁的滑塌,才形成了规模宏大的海底峡谷。这种观点也承认浊流的侵蚀作用,但认为它不是唯一的因素。

后来,又有许多科学家对海底峡谷的成因做了解释,有人认为,海底峡谷是由于地壳运动如地震等引起,加之海啸的侵蚀作用而成。但是,在没有海啸的地区也发现有海底峡谷,可见这种解释不能成立。

总之,对于海底峡谷的真正成因,目前科学家们仍处于争论之中。相信随着科学的发展,他们最终会取得一致的结论。

深海中也有潜流吗？

第二次世界大战中，英国在连接地中海和大西洋的直布罗陀海峡设防，又用声呐监听敌军潜艇马达声。可令人吃惊的是，德国和意大利的潜艇竟然能悄无声息地越过海峡，进入了地中海。难道是设备出了毛病？经过详细检查后，确认设备毫无问题。那么就只能有一个解释：敌人的潜艇是关闭了马达溜过海峡的。

我们都知道，关掉马达后，潜艇失去了动力，也就一动不能动了，可是它为什么还能进出海峡呢？后来，这个秘密才被揭开。原来，地中海含盐量大，西部海盐量达37，东部海盐量达39.5，再加上天气炎热，水分大量蒸发，表层含盐度大的水就会下沉。而大西洋海水的含盐量为34~37.3，大西洋海水不断地向地中海表层补充过来，每秒钟流量达175万立方米。海面125米以下，地中海海面沉下来的海水变成了潜流，一刻不停地流向大西洋，敌人的潜艇就是利用这两种海流进出地中海的。

长期以来，科学家们一直都这样认为：越接近海面，海水的流速越快，进入到海面下几百米深处，不仅流势减弱，流速也会变缓，如果到了几千米深的地方，那就不会有什么洋流存在了。然而，不断发现的海中潜流，却对以上定论提出了挑战。

科学家或许是错的

1950年,科学家在太平洋赤道位置下深100多米的水层中,发现了一股与海面流向相反的潜流。太平洋赤道区域海面的海水,是从东向西流动的,而这股宽达300千米的海底潜流却是从西向东流动的,中心流速可达每小时5.4千米。由于它恰好横跨太平洋赤道,所以被称为"赤道潜流"。

赤道潜流的长度,长达1.4万千米。它一般都在海面下层潜游,但有时也会浮到海面上来。航行在东太平洋赤道附近的船只,时常有向东漂流的现象,这就是这股潜流升到海面上来流动造成的。

赤道潜流的秘密还没有揭开,1955年,海洋学家又在接近南美沿岸的海面下几千米水层中的陆坡附近,发现了一股流势惊人的潜流。这股潜流在南大西洋巴西和阿根廷海域,接近南美大陆,平均

深度为 1800~4000 米，幅度很窄，从北向南流动。奇怪的是，在对面的非洲海域，却看不到任何潜流的迹象。

在这之后，在阿根廷海域附近的这一潜流下面，又发现了另一股流势更为强大的南极底层潜流，在这样深的深海里，还存在着如此强大的潜流，确实出乎很多科学家的意料。

对于深海潜流，科学家们已经积累了很多资料，但还没有彻底摸清它的底细，至于这种潜流是怎样形成的、世界上究竟有多少这样的深海潜流等疑问，科学家目前还无法做出准确的回答。

科学家或许是错的
SCIENTISTS MAY BE INCORRECT

厄尔尼诺现象和地球自转速度有关吗？

厄尔尼诺现象是指位于近赤道东太平洋秘鲁洋流冷水域的水温反常升高的现象。一般出现于圣诞节前后。因"厄尔尼诺"在西班牙语中即为"圣婴"之意，故名。该处水温升高，系南方涛动减弱导致海面信风异常减弱，促使表层海水不易流散，减少冷水上翻所致。正由于冷水上翻困难，使冷水中的大量浮游生物不能升达海水表层，造成鱼类缺食而大批死亡。正常年份，这一现象仅冬季局部出现，

为季节性增温，但每隔2~7年（平均3~4年）这一现象会急剧发展，海水表层增温现象范围扩大到赤道中、东太平洋海域，而且一年四季均可发生。表层水温可比常年偏高3~6℃，某些海区这种高温现象可持续一年以上，对全球天气气候的短期振动有重大影响。

厄尔尼诺现象发生时，太平洋暖流的回流使南美沿岸水流温度突然升高，一贯生活在这里的已经适应了冷水环境的浮游生物和鱼类，因为适应不了突然出现的暖流而大量死亡，致使世界著名的秘鲁渔场的鳀鱼产量大幅度下降。与此同时，以鱼为食的海鸟也因缺少食物而大批死亡。

厄尔尼诺现象的发生不仅对局部区域产生危害，而且对全球大范围的气候也会产生影响，使一些地区出现干旱、洪涝和虫灾。1982年至1983年发生的破纪录的强厄尔尼诺现象，使往年十分干

燥的南美洲的西部沿海、平原，降雨量增加了十多倍，造成洪水泛滥，就连美国的西海岸也大受其害，洛杉矶市的年降雨量比往年增加三倍，而且出现了一天遭两次龙卷风袭击的罕见的自然现象。在澳大利亚东部地带，却遭受了百年从未见过的大旱。据不完全统计，由于受厄尔尼诺影响，仅 1982 年一年，全世界就有 1000 多人死亡，经济损失达 80 亿美元。澳大利亚共损失了 30 亿美元，捕鱼王国秘鲁的捕鱼量骤减，而中国则出现了南旱北涝的气候，粮食减产了几十亿千克。就连远离太平洋的非洲和欧洲，也不同程度地受到它的冲击。

  海洋学家和气象学家已经查明了厄尔尼诺现象的发生规律，它平均五年左右发生一次，发生的时间少则几个月，多则两年。相对于这种现象的发生机制，科学家们还一直拿不出成形的理论。在这方面，中国天文学家郑大伟等人提出的解释得到了很多科学家的支持。他们认为，厄尔尼诺现象与地球自转速度减慢有关。在应用计算机对几十年来天文、大气和海洋变化的各种观测资料和数据进行处理后，他们发现地球自转的变化与东太平洋赤道带海面水温的变化存在着一致性。当海温增暖时，即厄尔尼诺现象形成时期，地球自转速度变慢。根据这个规律，郑大伟等人准确地预报了 1990~1991 年间达到盛期的厄尔尼诺现象。

  不过，厄尔尼诺的形成原因都还没有得到为学术界所公认的科学解释。各个学科的很多科学家还在积极进行研究，以摸清其发生机制以及与全球气候变化的关系。

大地与海洋

"海火"是怎样产生的？

1975年9月2日傍晚，在江苏省近海朗家沙一带，海面上发出微微的光亮，随着波浪的起伏跳跃，就像燃烧的火焰那样翻腾不息，一直到天亮才逐渐消失。第二天夜晚，亮光再次出现，而且亮度更强。以后逐日加强，到第七天，有人发现，海面上涌现出很多泡沫，当渔船驶过时，激起的水流明亮异常，如同灯光照耀，水中还有珍珠般闪闪发光的颗粒。几个小时以后，这里发生了一次地震。

对于这种海水发光现象，人们称为"海火"。我们知道，海火常常出现在地震或海啸前后。除了上面所说的那次朗家沙地震所引起的海火之外，1976年7月28日唐山大地震的前一天晚上，人们也曾在秦皇岛、北戴河一带的海面上看到过这种发光现象。其中在秦皇岛的油码头，人们看到当时海中有一条火龙似的明亮光带。1933年3月3日凌晨，日本三陆海啸发生时，人们看到了更奇异的海火。当波浪从釜石湾口附近的灯塔向海湾中央涌进时，浪头底下出现了三四个草帽般的圆形发光物，横排着前进，色泽青紫，像探照灯那样照向四面八方，光亮可以使人看到随波逐流的破船碎块。一会儿，互相撞击的浪花又把这些圆形发光物搅碎，随之不见了。

海火是怎样产生的呢？一般认为，这与海里的发光生物有关。

　　水里的发光生物，因为受到扰动而发光的现象早为人们所熟知。因此，人们推测，当海水受到地震或海啸的剧烈震荡时，便会刺激这些生物，使它们发出异常的光亮——海火。然而，另一些研究者却对这种看法持有异议。他们提出，在狂风大浪的夜晚，海水也同样受到激烈的扰动，为什么却没有刺激这些发光生物，使之产生海火呢？因此他们认为，海火是一种与地面上的"地光"相类似的发光现象。

　　美国学者进行的一项试验有力地支持了后一种理论。在这次试验中，他们对圆柱形的花岗岩、玄武岩、大理石等多种岩石试样进行压缩破裂试验。结果发现，当压力足够大时，这些试样便会发生爆炸性碎裂，并在几毫秒内释放出一股电子流。正是这股电子流，激发周围的气体分子发出微弱的光亮。在实验室中，他们还注意到，如果把样品放在水中，碎裂时产生的电子流也能使水发出亮光。尽管这种亮光非常微弱，但当强烈地震发生时，广泛出现的岩石破裂足以使人看到炫目耀眼的光亮。这使人们想到，某些与地震相关的海火的产生可能与这种机制有关。

不过，用上述机制却又很难解释海啸、海火的发生。因为在海啸发生时，不像地震那样会发生大量的岩石爆裂。那么，这种海火又是怎样产生的呢？

一些人认为，海火作为一种复杂的自然现象，很可能有着多种成因机制，生物发光和岩石爆裂发光只是其中的两种可能机制。印度和苏联的一些科学家经过共同努力，提出了一种新的解释。他们指出，当飓风以每小时280千米的高速在海面上疾驶时，会激起滔天巨浪，风与海水发生高速摩擦，从而产生巨大的能量，使水分子中的氧原子和氢原子分离，在飓风中电荷的作用下，原子便会发生爆炸和燃烧，再加上空气中氧的助燃，海面上就会燃起熊熊烈火。

还有人推测，在地层里贮藏着大量天然可燃气体，地层的变动会导致天然气外泄，又由于地心热度超过了天然气的燃点，因而天然气一接触到氧气就会自然燃烧。水面上的喷火现象，很可能是这样造成的。

除以上成因之外，很可能还有其他原因，但究竟是什么原因，目前还不清楚。另外，由不同机制产生的海火有着什么不同的特征，这也还是一个有待研究的问题。

海底为什么会有可燃冰?

苏联有位名叫契尔斯基的天然气专家,曾致力于天然气气井注水方面的研究,以提高天然气的产量。有一次,他让工人往一口正在出气的气井里注入20吨水,这口气井却突然停止出气了。

为了弄清原因所在,想出挽救这口井的办法,契尔斯基到图书

馆里查阅了有关文献。经过一阵思索,他又来到那口气井旁,让工人迅速从仓库里搬来 2 吨甲醇,注入气井中。过了几个小时,这口气井竟奇迹般地复活了,又像原先那样往外喷气了。

这是怎么回事呢?原来,许多气体在低温和高压状态下,都可能形成水合物。气井深处正好符合温度低、压力大这两个条件。注入的水与天然气结合后就会形成水合物——可燃冰,这样气井就不再冒气了。注入甲醇后,它跟水产生了很大的亲和力,于是破坏了水合物结构,天然气就又重新冒出来。

从上边这个事例中,化学家得到了一个启示,在地球上有些温度低、压力大的地方,那里很可能存在着天然的气水化合物——可

燃冰。

在地质学家、化学家的共同努力下，人们终于在北极的海底首次发现了大量的可燃冰。据分析，1立方米可燃冰含有200多立方米的可燃气体。这里的可燃冰储量惊人，仅仅是目前已探明的储量，就比地球上煤、石油的总储量还大几百倍。

天然的可燃冰是怎样形成的呢？科学家的分析初步得出了这样的结论：海洋中生物和微生物死后，其尸体被细菌所分解，就生成了甲烷、乙烷等可燃气体。由于海底水温较低，压力较大，这些可燃气体就钻进了海底疏松的沉积岩中，与水结合成可燃冰。经过上千万年乃至上亿年的时间，就在海底形成了绵延数万千米的可燃冰矿藏。

对于以上解释，也有人提出了不同意见。比如，有人认为在地球形成时可燃冰就已存在，还有人认为可燃冰的形成与海底火山喷发有关系。因此，可燃冰的形成之谜至今还没有完全揭开。

和可燃冰有关的另一个难题是，人们怎样才能对它加以开采和利用。可燃冰沉睡在海底，需要有一种破冰剂破坏它的结构，才能把天然气释放出来。甲醇虽然可以充当破冰剂，但它的价格昂贵，无法大量使用。因此，在大规模地开采可燃冰之前，首先要获得一种物美价廉的破冰剂。而这种破冰剂在哪里呢？怎样才能制造出来呢？很显然，解决这些问题要比揭开可燃冰的形成之谜更具有实际意义。

大地与海洋

死亡冰柱会带来生命吗？

这是一种奇异而恐怖的现象，无边的海洋深处，一根巨大的冰柱从海面一直向下延伸，在不断下降的过程中，直径和长度也一直在增长，寒气散发到周围。凡碰到生物全都变成了冰雕，延伸至海底后，冰柱迅速在海床上铺开一片白色。

死亡冰柱是一种在地球两极的海底发生的大自然现象，这种现象并不常见。当海水温度降低到一定程度后，海水里的盐分被析出，海水发生结冰现象，并呈柱状向海底延伸，所到之处，海洋生物都会被冻死，没有任何一个生物例外。有摄制组拍摄的冰柱沉入海底的录像显示，当死亡冰柱延伸到海床上后，迅速冻死了海胆和海星。

死亡冰柱的冷能主要来自海面的低温，当海面气温过低，海水开始结冰时，由于盐分析出，导致冰块周围的海水盐度增加。这些高盐度的海水，一方面冰点更低，另一方面密度更大，在冰块周围温度降到普通海水的冰点以下时仍不结冰，又因为密度大的关系不断下沉，使下方的海水温度降到冰点以下，从而凝固。这一过程不断发生，从而形成了快速向下生长的冰柱。

"死亡冰柱"的产生可以说是毫无声息，那些并不知道危险来临，或者一些来不及离开的海洋生物，就会被寒气逼得行动迟缓，进而冻死在这里。由于人们惊叹于海底冰柱对海底生物的杀伤力巨大，这样的冰柱被形象地称作"死亡冰柱"。

当海水被冻结成死亡冰柱时，它看起来更像海绵，而不是通常意义的冰。在体积增大到一定程度后，冰柱发生破裂。"冰洪"迅速向外扩张，摧毁沿途的一切。专家认为，其主要来自海面的低温，它不断地吸取海面上的低温（即向海面散发热量）向海下延伸，其延伸的长度和直径受到海面温度的影响，当海面回暖后，冷能来源慢慢减弱，冰柱也逐渐被海水融化直到消失。

一些专家认为，这种死亡冰柱可能不只会伤害海洋生物，它同时也是生命之源。当死亡冰柱形成的时候，它们会第一时间将海水里的盐分析出，这就为生命体们提供了舒适的无盐环境。所以，死亡冰柱是有两面性的：一方面对海洋生物有着巨大的影响；另一方面，在地球早期生命体开始诞生的时代，它们的出现正好提供了繁衍的环境。

在我们的认知里，生命应该是起源于海洋的，然而海洋里的盐分非常高，这其实并不利于生命诞生，海洋冰柱形成时，析盐的特点正好为海洋生命提供了无盐环境，所以专家们怀疑，"死亡冰柱"不只能带来死亡，在遥远的时代，它们还带来了生命。科学家表示，"死亡冰柱"可能还为其他行星和卫星创造了适合生命生存的环境，其中包括木星的卫星木卫三和木卫四。

大地与海洋

线形火山是岩浆海底大断裂溢出形成的吗？

在北太平洋万顷波涛之中，散布着一串项链似的群岛。20余个大小不一的岛屿，自东南向西北方向，差不多呈直线排列，绵延上千千米，这就是有名的夏威夷群岛。夏威夷群岛主要由玄武岩组成，显然是火山喷发的产物。海底火山喷出大量岩浆，在海底慢慢堆积起来，终于露出海面，成为火山岛。人们不禁要问：这些线形火山岛为何排列得如此整齐呢？它们又是怎样形成的呢？

对于火山喷发活动，地质学家早有中心式喷发和裂隙式喷发两

夏威夷州的瓦胡岛

科学家或许是错的

种学说。人们很容易联想到，岩浆沿海底大断裂溢出来，就可以沿断裂形成线形排列的火山岛。不过，测定夏威夷各岛火山岩喷发形成的年代，却发现西北端的火山岛年龄较老，如考爱岛形成于500万年前；向东南方向逐渐变得年轻，如瓦胡岛的年龄为250万年，莫洛凯岛为180万年，毛伊岛为130万年；最东南端的夏威夷岛更年轻，约形成于80万年前。一般来说，沿同一断裂出现的火山喷发活动在时间上应该是大致相同的。由此可见，上边那种说法显得有些牵强。

20世纪60年代，海底扩张说与板块构造说问世了。这些学说认为，海底一直在移动着，太平洋板块大约以每年数厘米的速度向西北方向漂移。加拿大著名学者威尔逊由此联想到，假如火山源位

夏威夷毛伊岛上的哈雷阿卡拉火山

于岩石圈板块之下，并固定不动，那么当太平洋板块不停地向西北方向移动时，这个火山源就应当是由西北向东南方向移动。这就是著名的热点假说。夏威夷的基拉韦厄火山正是热点（火山源）所在。热点处的岩浆活动仿佛把岩石圈板块烧穿了，岩浆自海底喷出，就可以形成火山岛。先形成的火山岛随板块向西北方向移动，脱离热点，变成死火山。后面热点处岩浆喷溢又会形成新的火山岛，这样不断地"推陈出新"，就发育成由新到老的一串火山岛。

实际上，夏威夷群岛西北侧还有线形排列的夏威夷海峡和天皇海岭，那里有一系列海底火山隐藏在碧波之中。经过深海钻探验证，这些海底火山的年龄进一步向西北方向变老，而且构成海底火山的岩石与构成夏威夷群岛的玄武岩完全一致。这样，热点假说就得到了许多学者的承认。

不过，也有一些科学家提出了不同的看法。他们认为，与夏威夷群岛类似的还有太平洋的莱恩群岛、土阿莫土群岛等，它们也呈线形分布，而它们的火山活动并没有出现向东南方向逐渐变新的现象，因而热点假说是否正确还值得怀疑。由此看来，线形火山岛的形成问题，还不能说得到了最终解决，尚待进一步探索。

科学家或许是错的
SCIENTISTS MAY BE INCORRECT

平顶海山的顶部为什么是平的？

平顶海山在太平洋、大西洋和印度洋中都有存在。它们有的孤独地耸立于海底，有的成群出现。平顶海山的顶部为圆形或椭圆形，直径一般从几百米至二三十千米。美国海洋地质学家赫斯认为，平顶海山就是沉没了的岛屿。但为什么它们的顶部这样平坦呢？赫斯当时无法做出解释来。

后来，科研人员从平顶海山的顶部打捞到了呈圆形的玄武岩块，这表明它们是火山弹的原始形态。因而，有些科学家认为，它们可能是一座座海底火山，顶部是火山口，被火山灰等物质填平了，所以呈现平顶。根据表面年龄测定，它们形成于距今1亿年至2500万年之间的火山大量喷发时期，这就给上述推论提供了一个依据。

20世纪50年代，有人从太平洋西南的凯普—约翰平顶海山的顶部打捞到了六种造礁珊瑚、厚壳蛤以及层孔虫等生物化石，以后在太平洋中部又有类似的发现，这表明平顶海山的顶部过去有过珊瑚礁发育。造礁珊瑚要求生活在有光照的水体里，因而其生存的最大水深在50米左右，可见，曾经有一段时间，平顶海山顶部的水深不超过50米。由于此时的海山顶部离海面较近，风浪就有可能将其削平，并在其上发育造礁珊瑚。以后，海底火山下沉，沉到水深

400米以下的地方,所以平顶海山就残留着以前发育的造礁珊瑚和其他喜礁珊瑚。但美国学者德利提出,海底火山不一定发生过上升或下沉,而是在天气寒冷的冰川时期,海平面大幅度下降,使海底火山的顶部露出海面被风浪削去。但天气能否冷到使海平面下降几百米以至2000米,目前还没有找到可靠的证据。何况,有些平顶海山的顶部宽达40~50千米,说它是被风浪削平的似乎难以使人相信。

现代著名的海洋地质学家孟纳德认为,太平洋中的平顶海山都位于一片原来隆起的地壳上,他称之为"达尔文隆起"。这些隆起的许多海山,其顶部接近海面,就被风浪削平了,后来整个隆起下沉,便形成了今日的平顶海山。

由于深海调查资料比较缺乏,所以人们对深海中奇特的平顶海山的真面貌还了解不多,已经提出的各种说法还缺乏说服力,平顶海山的成因还有待于科学家们进一步研究。